新农村建设实用技术丛书

家畜科学用药

科学技术部中国农村技术开发中心
组织编写

中国农业科学技术出版社

图书在版编目（CIP）数据

家畜科学用药/邓旭明等编著. —北京：中国农业科学技术出版社，2006.10

（新农村建设实用技术丛书·动物疾病防治系列）

ISBN 7-80233-123-4

Ⅰ. 家… Ⅱ. 邓… Ⅲ. 家畜疾病-用药法 Ⅳ. S859.79

中国版本图书馆 CIP 数据核字（2006）第 137959 号

责任编辑 杜 洪
责任校对 贾晓红 康苗苗
整体设计 孙宝林 马 钢

出版发行 中国农业科学技术出版社
北京市中关村南大街 12 号 邮编：100081
电 话 （010）68919704（发行部）（010）62189012（编辑室）
（010）68919703（读者服务部）
传 真 （010）68975144
网 址 http://www.castp.cn
经 销 者 新华书店北京发行所
印 刷 者 北京科信印刷厂
开 本 850 mm×1168 mm 1/32
印 张 5.75
字 数 140 千字
版 次 2006 年 10 月第 1 版 2007 年 4 月第 2 次印刷
定 价 9.80 元

《新农村建设实用技术丛书》
编辑委员会

《家畜科学用药》编写人员

邓旭明　李艳华　王立海　编著

邓旭明

男，1964年出生，博士，现为吉林大学畜牧兽医学院兽医药理学及毒理学教授、博士生导师，主要从事抗菌药物的药效评价、耐药机制及中兽药的药理学研究，先后主持国家“863”计划、国家自然科学基金等课题15项，在原解放军兽医大学、军需大学获军队科技进步奖10项，在国内外发表学术论文80余篇，培养研究生30余名。

序

丹心终不改，白发为谁生。科技工作者历来具有忧国忧民的情愫。党的十六届五中全会提出建设社会主义新农村的重大历史任务，广大科技工作者更加感到前程似锦、责任重大，纷纷以实际行动担当起这项使命。中国农村技术开发中心和中国农业科学技术出版社经过努力，在很短的时间里就筹划编撰了《新农村建设系列科技丛书》，这是落实胡锦涛总书记提出的“尊重农民意愿，维护农民利益，增进农民福祉”指示精神又一重要体现，是建设新农村开局之年的一份厚礼。贺为序。

新农村建设重大历史任务的提出，指明了当前和今后一个时期“三农”工作的方向。全国科学技术大会的召开和《国家中长期科学技术发展规划纲要》的发布实施，树立了我国科技发展史上新的里程碑。党中央国务院做出的重大战略决策和部署，既对农村科技工作提出了新要求，又给农村科技事业提供了空前发展的新机遇。科技部积极响应中央号召，把科技促进社会主义新农村建设作为农村科技工作的中心任务，从高新技术研究、关键技术攻关、技术集成配套、科技成果转化和综合科技示范等方面进行了全面部署，并启动实施了新农村建设科技促进行动。编辑出版《新农村建设系列科技丛书》正是落实农村科技工作部署，把先进、实用技术推广到农村，为新农村建设提供有力科技支撑的一项重要举措。

这套丛书从三个层次多侧面、多角度、全方位为新农村建设提供科技支撑。一是以广大农民为读者群，从现代农业、农村社区、城镇化等方面入手，着眼于能够满足当前新农村建设中发展生产、乡村建设、生态环境、医疗卫生实际需求，编辑出版《新农村建设实用技术丛书》；二是以县、乡村干部和企业为读者群，着眼于新农村建设中迫切需要解决的重大问题，在新农村社区规划、农村住宅设计及新材料和节材节能技术、能源和资源高效利用、节水和给排水、农村生态修复、农产品加工保鲜、种植、养殖等方面，集成配套现有技术，编辑出版《新农村建设集成技术丛书》；三是以从事农村科技学习、研究、管理的学生、学者和管理干部等为读者群，着眼于农村科技的前沿领域，深入浅出地介绍相关科技领域的国内外研究现状和发展前景，编辑出版《新农村建设重大科技前沿丛书》。

该套丛书通俗易懂、图文并茂、深入浅出，凝结了一批权威专家、科技骨干和具有丰富实践经验的专业技术人员的心血和智慧，体现了科技界倾注“三农”，依靠科技推动新农村建设的信心和决心，必将为新农村建设做出新的贡献。

科学技术是第一生产力。《新农村建设系列科技丛书》的出版发行是顺应历史潮流，惠泽广大农民，落实新农村建设部署的重要措施之一。今后我们将进一步研究探索科技推进新农村建设的途径和措施，为广大科技人员投身于新农村建设提供更为广阔的空间和平台。“天下顺治在民富，天下和静在民乐，天下兴行在民趋于正。”让我们肩负起历史的使命，落实科学发展观，以科技创新和机制创新为动力，与时俱进、开拓进取，为社会主义新农村建设提供强大的支撑和不竭的动力。

中华人民共和国科学技术部副部长 刘燕华

2006 年 7 月 10 日于北京

目　录

一、家畜安全用药基本知识

（一）药物来源、剂型及剂量

药物是用于预防、治疗和诊断疾病的物质，能对机体产生某种作用，如有目的地调节动物的生理机能、促进动物的生长发育。在家畜生产中，为保证家畜的健康生长，提高饲料报酬，降低生产成本，提高经济效益，必须正确选择和使用各种兽药。

1. 药物来源

药物可分为天然药物和人工合成药物两大类。

天然药物是指那些未经加工或仅经过简单加工的物质，包括植物性药物、动物性药物、矿物性药物和微生物药物（青霉素、链霉素等），此外，还包括生物药品（疫苗、血清、抗毒素等）。

人工合成药物是指由工厂批量生产的化学药品，如磺胺类（磺胺嘧啶、磺胺脒等）、喹诺酮类药物（诺氟沙星、环丙沙星等）。目前，生产中使用的化学药物中大部分都是人工合成的。

2. 药物的剂型、剂量

药物的剂型是将原料药物加工制成可供临床应用、易于保存的药物制剂的形式。药物制剂的类别称为剂型，根据其形态可分为液体剂型、半固体剂型、固体剂型和气体剂型等。药物的剂型有几十种，以下简要介绍几种常用的剂型。

（1）剂型

①液体剂型

溶液剂：由不挥发性化学药品完全溶解在溶剂（水、乙醇和油等）中制成，可供注射、内服或外用的透明溶液。如维生素 A 注射液、鱼肝油溶液（内服）、新洁尔灭溶液（外用）等。

注射剂：又称针剂，是药物经过严格消毒或灭菌制成的水溶液、油溶液、混悬液、乳浊液或粉剂、冻干物等，专供注入动物体组织或血管中的制剂，如维生素 C 注射液、卡那霉素注射液、猪瘟弱毒疫苗等。

酊剂：是指用不同浓度的乙醇（酒精）浸泡或溶解药物而制成的液体溶剂，如龙胆酊、陈皮酊、碘酊等。

煎剂、浸剂：为药材的水性浸出制剂。煎剂是指将药材加水煎煮一定时间后过滤所得的液体；浸剂是用沸水、温水或冷水将药材浸泡一定时间后过滤而制得的液体剂型。

擦剂：由刺激性药物制成的油性或醇性流体剂型，如松节油擦剂，多供外用擦于未破损的皮肤表面。

泼淋剂、喷滴剂：是杀虫药或驱虫药的透皮吸收液，如有机磷泼淋剂、左咪唑喷滴剂等。

乳化剂：由两种以上不相混合的液体（如油和水），加入乳化剂制成的乳状混悬液，可供内服或外用，如树胶、肥皂等。

合剂：由两种或两种以上的药物制成的透明或混浊的液体剂型，多供内服，如胃蛋白酶合剂、复方甘草合剂等。

②半固体剂型

软膏剂：将药物与适宜基质（凡士林、油脂等）均匀混合而制成的具有适当稠度，易于涂布于皮肤、黏膜或创面上的半固体外用制剂，如鱼石脂软膏等，具有滋润皮肤、收敛、防腐、消毒等局部作用。

硬膏剂：是涂在布片或纸片上的硬质膏药，加热或遇体温则软化而易于粘附在皮肤上，不易脱落，能在局部呈现持久作用。

浸膏剂：是指药材浸出液经浓缩后的膏状或粉状半固体或固体剂型，如益母草浸膏。除有特殊规定外，每克浸膏相当于原药材的 2～5 克。

舔剂：是一种黏稠糊状或面团状半固体剂型，将药物与适宜的辅料（常用淀粉、甘草粉等）混合而成的糊状稠厚内服剂型。

③固体剂型

散剂（粉剂）：将一种或多种药物经粉碎、过筛、均匀混合而制成的干燥粉末剂型。可供内服或外用，如健胃散、消炎粉等。

片剂：是指将一种或几种药物与赋形剂混合后，经过加压制成的片状固体剂型。主要供内服，如解热镇痛片、磺胺嘧啶片、土霉素片等。

丸剂：是指将一种或多种粉剂药物与赋形剂、黏合剂等混合制成的球形或椭圆形的干燥或呈湿润状的内服固体剂型。如六神丸、跌打丸等。

胶囊剂：是将药粉或药液装在以明胶为主要原料制成的圆形、椭圆形或圆筒状胶壳中的剂型。如鱼肝油胶丸，可避免药物的刺激性或不良气味。

微型胶囊：将固体或液体药物包裹于天然或合成的高分子材料中而成的直径1～5 000微米的微型胶囊。根据临床需要可制成散剂、片剂、胶囊剂、注射剂及软膏剂等各种剂型的制剂。微型胶囊具有提高药物稳定性、延长药物疗效、掩盖药物的刺激性或不良气味、降低副作用、减少复方的配伍禁忌等优点。

栓剂（塞药）：将定量药物与甘油明胶等基质混合制成的具有一定形状的固体剂型。常用的栓剂有肛门栓和阴道栓两种。

④气体剂型

气雾剂：将药物与喷射剂（液化气或压缩气体）共同封装于带有阀门的耐压容器中，使用时掀开阀门，借助喷射剂的压力将药物以雾状或泡沫状喷出的制剂。可供皮肤和腔道局部应用，或由呼吸道吸入后发挥全身作用，也可用作空间消毒。

喷雾剂：是指将某些液体药物稀释后或固体药物干粉用喷雾剂喷出的雾状微滴或微粒制剂。可供吸入给药或环境消毒。如用百毒杀溶液喷雾消毒。

烟雾剂：是指通过加热或化学反应而形成的药物气体。如加热甲醛产生的气体，甲醛加上高锰酸钾产生的气体。主要用于空闲畜舍及用具的消毒。

在兽医临床应用上，药物剂型的不同能影响药物在体内的吸收程度。气体剂型吸收最快，口服时液体剂型较胶囊吸收快，胶囊剂型又较片剂吸收快。同一药物、同一剂量，选用不同的剂型时，机体对药物的吸收程度也有所不同。因此，在临床用药时，应根据不同情况正确选择药物的剂型。如用于疾病预防时，通常选用经济、方便的粉剂或溶液剂；而对病情较为严重的家畜，在治疗时应尽快选用能迅速发挥疗效的注射剂型。

药物的剂量是指药物能使机体产生一定效应的用量。药物的剂量不同可以影响药物的作用，同一药物在不同剂量或浓度时，其作用也有所差别。如乙醇按重量计算在70%时杀菌作用最强；浓度增高或降低，杀菌效力降低。水合氯醛随剂量的增减可产生镇静、催眠和麻醉作用。要使药物产生一定的效应，就必须给予一定的剂量，机体吸收后，才能在体内一定的部位达到一定的药物浓度，只有达到一定的药物浓度时，才能产生一定的药物效应。药物剂量过小，机体内不能达到有效浓度，因此就不会出现效应。然而，用药量过大，超过一定限度时，药物的作用发生质的变化，就会对机体产生毒性反应。因此，在临床用药时，为了安全、经济用药，充分发挥药物的疗效，避免不良反应的发生，我们必须充分了解并掌握各种兽用药物的剂量范围。

(2) 剂量

①有关药物剂量方面的基本概念

最小有效量：药物开始出现药物效应时的用药量。

有效量或治疗量：是指比最小有效量大，能对机体产生明显效应，但并不引起毒性反应的有效剂量范围。

极量：发挥药物安全有效作用的最大剂量。超过极量即可产生毒性作用。

最小中毒量：药物超过极量，能引起毒性反应的最小剂量。

中毒量：超过有效量并能引起毒性反应的剂量。

最小致死量：比中毒量大，能引起死亡的剂量。

药物的安全范围：最小有效量与最小中毒量之间的范围。这个范围越大，用药愈安全；范围越小，也就是最小有效量和最小中毒量相距愈近，则用药愈不安全，因此用药时应特别注意，必须严格掌握药物的剂量范围，以免发生中毒。

②药物剂量的单位：人们通常根据药物的形状不同采用不同的表示方法，固体药物多用重量表示，液体药物多用容量表示。我国目前一律采用法定计量单位，如克、毫克、升、毫升等。

固体、半固体剂型药物常用的剂量单位有：千克（kg）、克（g）、毫克（mg）、微克（μg）。

重量单位换算：1 千克 =1 000 克，1 克 =1 000 毫克，1 毫克 =1 000 微克。

液体剂型药物常用的剂量单位有：升（L）、毫升（ml）、微升（μl）。

容量单位换算：1 升 =1 000 毫升，1 毫升 =1 000 微升。

一些抗生素、激素、维生素等药物常用特定的“单位（U）”或“国际单位（IU）”来表示。

在家畜生产中，必须采用法定计量单位，准确计算用药剂量，避免造成不必要的经济损失。

③药物含量表示法：用比号“：”表示药物剂量与净含量的关系。例如：“10 毫升：0.5 毫克”表示 10 毫升药液中含药量为 0.5 毫克。

④个体给药计量表示法：当对个别家畜用药时，给药剂量常用每千克体重表示，即每千克体重需要药物的剂量。如硫酸卡那霉素注射液肌肉注射用量为 10～15 毫克/（千克体重·次），同时应注明每天用药次数，用药时间。家畜给药剂量是临床兽医根据患病家畜的体质、病情及药物性质等方面因素酌情决定用药

量。用药时要根据个体的体重计算出总的用药量。

⑤集约化养猪给药剂量的表示法：在大型养殖场，多采用混饲或混饮等群体给药的途径。

在采用混饲、混饮等群体给药时，以前常使用ppm（百万分之一）来表示饲料或饮水中所含药物的浓度（现在已不用）。现常用的浓度单位是：毫克/千克（固体）或毫克/升（液体）。也常用百分比浓度（%），它表示100千克饲料或100升水中含药物的百分数。

（二）家畜用药的给药途径

给药途径不同，可影响药物的吸收速度和数量，从而影响药物作用强度和作用时间。按药物吸收速率由慢到快，可依次排列如下：口服给药、直肠给药、舌下给药、皮下给药、肌肉注射、腹腔注射和静脉注射。给药途径的不同，甚至可引起一些药物作用性质的改变，如硫酸镁口服时有导泻作用，肌肉注射则产生降压和抗惊厥作用。因此，在用药时应根据家畜的生理特点或病理状况以及药物的特性，选择不同的给药途径。

1. 个体给药法

（1）口服给药　药物口服之后，经胃肠道吸收进入血液后而作用于全身，或停留在胃肠道内发挥局部作用。其方法主要为：将药物拌入少量饲料或饮水中饲喂；用胃导管经口腔直接插入食道内灌服。

口服给药的优点是安全、经济、操作方便；常适用于片、粉、丸、胶囊剂及中草药煎剂等。缺点是药物受胃肠道内各种酶和酸碱度的影响较大，吸收不规则，药效慢。当患畜病情危急、昏迷、呕吐时不宜口服；刺激性强，可损伤胃肠黏膜的药物不宜口服；能被消化液破坏的药物也不宜口服。

（2）皮下注射给药　将药液注入颈部或股内侧皮下疏松结

缔组织中，经毛细血管吸收，一般 10 ~ 15 分钟后出现药效。皮下注射只适用于注射少量药液。皮下注射时，药液吸收缓慢而均匀，药效持续时间较长。刺激性药物及油类药物不宜皮下注射，否则易造成组织发炎或坏死。

(3) 肌肉注射给药　又称肌内注射，将药液注入富含血管的组织内，如颈部、臀部。药物吸收速度比皮下快，经 5 ~ 10 分钟即可出现药效。混悬剂、油剂及刺激性药物均可肌肉注射。刺激性较大的药物应注于肌肉深部，药量多时应分点注射。

(4) 静脉注射给药　简称静注，将药物直接注入血管内。药物很快进入血液循环，因此药效出现快，常用于急救。但危险性较大，可能出现剧烈的不良反应。适用于急性严重病例及注射量大的药物。用药量要求准确、药效要求迅速的病例及某些有刺激性的药物及高渗溶液也可静脉注射。混悬剂、油溶液和易引起溶血或凝血的药物均不能静脉注射。

(5) 腹腔给药　将药物注入腹腔，经腹腔吸收后产生药效的一种给药方法。因腹腔吸收面积大，药效产生迅速，可用于剂量较大，不易经静脉给药的药物。

(6) 皮肤给药法　将药物涂擦、喷淋于皮肤表面。多用于杀灭体外寄生虫，或治疗皮肤疾病。

2. 群体给药法

(1) 饮水给药　将药物溶解于水中，让家畜自由饮水。此法常用于动物疾病的预防和治疗，尤其适用于那些发病后食欲降低或食欲废绝但还能饮水的家畜。应用时，应根据家畜每日的饮水量来计算药量及药液的浓度。对于不溶于水或在水中易被破坏变质的药物，须采取相应措施，以保证疗效。

(2) 混饲给药　将药物均匀混入饲料中，让家畜吃料时能同时吃进药物。此法简便易行，适用于长期投药。对不溶于水且适口性差的药物使用此法更为恰当。应用混饲给药时，应准确掌握药物的剂量，注意药物与饲料的混合必须均匀。此外，还要注意有些药物会与饲料中的某些成分发生拮抗反应，如长期应用磺胺类药物，可引起维生素 B_1 和维生素 K 缺乏，这时就应当适当补充维生素 B_1 和维生素 K。

(3) 体外用药　体外用药主要用于畜舍、环境、饲喂器具及设备等的消毒，以及杀灭体外寄生虫或体外微生物所进行的家畜体外用药。常用的方法有药浴、喷雾、熏蒸等。应用体外给药时应根据不同的用药目的，选择不同的外用药物和给药方法，同时应注意掌握药液浓度，以防家畜中毒。在选择药物时，不能长期使用一种药物，以免产生抗药性，应适当更换药物。常用的消毒药物和抗寄生虫药物，如果使用不当，就会引起人或动物中毒。因此，在使用时应根据用药目的和药物的特性严格按照要求选择最佳用药浓度。

（三）合理用药的注意事项

1. 注意正确诊断，不可滥用药物

应先根据临床症状进行疾病的综合诊断，疾病能否治愈、预后情况是否良好很大程度上取决于诊断的正确与否。诊断是治疗的前提，药物治疗是检验诊断正确与否的标准。在正确诊断的基础上，选用适宜的药物，才能达到治疗疾病的目的。临床用药时，不仅要考虑疗效，而且要做到安全用药。切忌滥用药物，如目前抗生素药物的滥用，使一些病菌菌株产生耐药性。因此，在应用药物治疗时，应合理选用药物。

2. 注意选择适宜的给药途径

应根据疾病的严重程度、药物的性质及用药目的等选择适宜的给药途径。对病情严重的家畜急救时，通常采用静脉注射的方法；一些对局部刺激性强的药物，也多采用静脉注射的方法。在治疗消化道疾病时，通常选用口服给药。

3. 注意剂量的合理应用

要使药物产生一定的效应，就必须给予一定的剂量，经机体吸收后，才能在体内一定的部位达到一定的药物浓度，只有达到一定的药物浓度时，才能产生一定的药物效应。药物剂量过小，机体内不能达到有效浓度，就不会出现效应。然而，用药量过大，超过一定限度时，药物的作用发生质的变化，就会对机体产生毒性反应。因此，在临床用药时，为了安全和经济用药，充分发挥药物的疗效，避免不良反应的发生，我们必须充分了解并掌握各种药物的剂量范围，在疾病治疗时注意选择适宜的剂量。药物在体内的代谢使药物不断被肝脏分解转化，并被肾脏等不断地排出体外，因此体内的药物不断地被消耗掉。为了使药物在体内达到有效浓度，就需要不断地补充给药。因此，多数药物需要定时定量给药，保证有足够的疗程。

4. 注意选择适宜的给药时间

一些药物在适当的时间应用时可以提高疗效。如健胃药在饲喂前给药效果较好，驱虫药在空腹时给药效果较好。

5. 注意防止药物的毒副作用和蓄积中毒

应用一些药物治疗疾病时，在发挥药物治疗作用的同时，也存在一定程度的毒副作用。因此，在应用药物时，不可随意加大剂量，以免对机体产生毒性。对一些代谢慢的药物，在连续给药时，应注意避免药物在机体内的蓄积。对一些肝、肾功能不全的家畜，应尽量避免使用这类药物。

6. 注意家畜品种、性别、年龄与个体差异

家畜品种不同，对药物的敏感性也有很大差异，例如牛、羊对水合氯醛敏感，猪却有很高的耐受性。药物作用除因家畜种属差异外，即使同种动物，在年龄、性别、体重都相同的情况下，对同一种药物的反应性也可能不同。一般而言，幼龄、老龄及母畜对药物的敏感性比成年家畜和公畜强，因此用药时用量应适当减少。

7. 注意避免配伍禁忌

联合用药时，应注意药物之间的相互作用。不仅注意药物的协同作用，还要考虑到药物之间的拮抗作用和不良反应，同时还应注意避免药物的配伍禁忌。由于不同的药物具有不同的药理特性和理化性质，常在配合应用时改变其原来的药理作用和理化性质，甚至可能出现沉淀、结块、变色等反应。按药物作用性质可将配伍禁忌分为：药理性配伍禁忌、物理性配伍禁忌和化学性配伍禁忌。

8. 注意鉴别药物的真假

在应用药物进行疾病治疗前，应首先鉴别药物的真假，以免给养殖户造成不必要的经济损失。

（四）药物的检查与保管

1. 药物的检查

（1）包装　药物的包装必须符合药品质量的要求，采用外层大包装、内层小包装；兽药包装必须贴有标签，注明“兽用”字样，并附有说明书。

（2）标签或说明书　标签是兽药生产企业对药品质量和数量承担法律责任的标志之一。药品说明书是药品生产企业向兽药使用者介绍药品特性、作用与用途、指导药品使用者合理使用药物的科学依据。购买或使用时，应对包装上的标签内容进行核对检查。

（3）药物的批号和有效期

①药物的批号：用来表示同一原料、同一批次制造的产品，其内容包括日号和批号。

②药物的有效期：在规定的贮藏条件下，能够保证药品质量的期限。如果药品超过有效期，药品就不能再使用。在购买或使用药品时，应注意检查药品的有效期与失效期。

（4）药品制剂的检查

①注射剂：水针剂主要检查溶液的澄明度、色泽，看有无浑浊、沉淀现象。粉针剂主要检查其色泽、溶解后的澄明度等。

②水剂、酊剂、乳剂：主要检查是否有浑浊、沉淀、挥发、分层等现象。

③片剂、丸剂、胶囊剂：主要检查其色泽、有无斑点、是否有潮解、发霉、溶化、裂片等现象，胶囊剂还应检查有无漏粉等现象。

④散剂：主要检查有无结块、异常黑点、霉变等。

⑤软膏：主要检查其有无变质、变色、溶化、硬结等现象。

2. 药物的保管

药物如果保管不当，就会导致药物失效、变质。引起药物变质的主要因素有：空气、光线、温度、湿度、贮藏时间等。

（1）药品保管的一般方法　一般药品都应按照兽药典或兽药规范中规定的条件进行贮存与保管。

（2）根据药品的性质、剂型分类保管

①注射剂的保存：遇光易变质的维生素等水针剂应避光保存。抗生素、生物制品等遇热易变质的水针剂，应按规定的温度，根据不同的季节选择不同的保存方法。抗生素类应置阴凉干燥处保存，生物制品应低温保存。

②片剂的保存：片剂应密闭在干燥处保存，避免潮解、发霉、变质。维生素C、磺胺类等对光敏感的药物应避光保存。

③散剂的保存：散剂应在干燥阴凉处密封保存，一些遇光易变质的药物还需避光保存。

④危险药品的保存：危险药品是指受到光、热、空气等影响可引起爆炸、自燃或具有强腐蚀性、刺激性和剧毒性的一类药物，如易燃的乙醇、氧化剂高锰酸钾、腐蚀性的烧碱、苯酚等。危险药品保存时应注意避光、防晒、防潮、防碰撞等。

⑤毒药、剧毒药品的保存：毒剧药品保存时应专门存放，有专人负责，不同药品之间应隔离。

二、抗微生物药

（一）抗生素

抗生素主要是由微生物产生、能抑制或杀灭其他微生物的代谢产物。它一般是从微生物的培养液中提取的，但有些抗生素已经能人工半合成或完全合成。抗生素一般属于低分子化合物，在低浓度时即有作用，不但可杀灭细菌、真菌、放线菌、螺旋体、立克次体以及某些霉形体和原虫等微生物，而且有些抗生素还能杀灭动物的癌细胞或正常细胞。抗生素种类较多，现分述如下。

1. 青霉素类抗生素

苄青霉素

【性状】苄青霉素在临床上常用的是钾盐或钠盐。结晶苄青霉素钠（钾）盐为白色结晶性粉末，极易溶于水，有吸湿性，性质较稳定，耐热性也强。其水溶液应现配现用。

苄青霉素的抗菌活性常用（U）表示。一个单位相当于苄青霉素钾盐 0.625 微克或钠盐 0.6 微克。由于分子量的不同，1 毫克的纯苄青霉素钾盐、钠盐和普鲁卡因青霉素，分别等于1 595、1 667 和1 000 个单位。

【作用与用途】苄青霉素对大多数革兰氏阳性菌（包括球菌和杆菌)、部分革兰氏阴性球菌、各种螺旋体和放线菌都有强大的抗菌作用。在较低浓度时仅有抑菌作用，而在较高浓度时则有强大的杀菌作用。本品不耐酸，不宜口服。

临床上主要用于对苄青霉素敏感的病原菌所引起的各种感染。如猪丹毒、马腺疫、坏死杆菌病、炭疽、败血症、破伤风、恶性水肿、气肿疽、牛肾盂肾炎、各种呼吸道感染、乳腺炎、子宫炎、放线菌病、钩端螺旋体病等。

【制剂、用法与用量】

苄青霉素钠粉针剂：每瓶20万单位（0.12克）、40万单位（0.24克）、80万单位（0.48克）、100万单位（0.6克）。临用前以注射用水或灭菌生理盐水溶解，配成每毫升含10万~20万单位的溶液供肌肉注射。用量：马、牛、骆驼、鹿以每次1万~2万单位/千克体重；羊、猪、犊牛每次2万~3万单位/千克体重；犬、猫每次3万~4万单位；水貂、狐狸、麝鼠、海狸鼠每次2.5万~5万单位/千克体重；牛乳房灌注：挤乳后每个乳室10万单位（溶于50毫升灭菌生理盐水中）。每日2~3次，连用2~3日。

【休药期】0天；弃奶期3天。

【应用注意】随着苄青霉素的广泛使用，耐药菌株的比例逐渐增高，如耐药性金黄色葡萄球菌能产生青霉素酶，使苄青霉素水解失活，因而呈现耐药性。苄青霉素的毒性极小，但因有刺激性，故应避免直接注入脑脊液内，否则可能引起兴奋和惊厥等症状。

过敏反应是苄青霉素最主要的不良反应，可产生各类过敏反应症状，如荨麻疹、发热、关节肿痛、蜂窝织炎、血管神经性水肿等，严重的可出现过敏性休克。在用药过程中应注意观察，如出现过敏反应，应立即停止用药，进行对症治疗。反应严重的，应立即注射肾上腺素、肾上腺皮质激素进行抢救。酸、碱、氧化剂、重金属、乙醇、甘油及青霉素酶都能破坏苄青霉素的作用。

普鲁卡因青霉素

【性状】本品为白色结晶性粉末，不溶于水，略溶于乙醇。遇酸、碱、氧化剂迅速被破坏失效。

【作用与用途】肌注后，慢慢释出青霉素，因而起效慢，作用持久。用途同苄青霉素，但不宜单独用于治疗严重感染。应用注意事项同苄青霉素。临用前加灭菌注射用水适量制成混悬液。

【制剂、用法与用量】

注射用普鲁卡因青霉素：每支40万单位（含普鲁卡因青霉素30万单位，苄青霉素钾10万单位）、80万单位（含普鲁卡因青霉素60万单位，苄青霉素钾20万单位）、160万单位（含普鲁卡因青霉素120万单位，苄青霉素钾40万单位）、400万单位（含普鲁卡因青霉素300万单位，苄青霉素钾100万单位）。临用前以注射用水配成混悬液供肌肉注射。用量：马、牛每次1万~2万单位/千克体重；羊、猪、犬、犊每次2万~3万单位/千克体重，每日一次，连用2~3日。

【休药期】弃奶期3天。

苄星青霉素（长效西林，比西林）

【性状】为青霉素的二苄基乙二胺盐。白色结晶性粉末，在水中极微溶解，略溶于乙醇，易溶于二甲基甲酰胺或甲酰胺。在酸性溶液中稳定。

【作用与用途】与苄青霉素相似。肌注后缓慢游离出青霉素而呈抗菌作用，因此作用持久。但由于在血液中浓度较低，故不能替代苄青霉素用于急性感染。本品适用于对青霉素高度敏感的细菌所致的轻度或慢性感染，对急性重度感染不宜单独使用。也可用于预防或需要长期用药的病例，用以预防各种呼吸道感染、复杂性骨折、牛肾盂肾炎、子宫蓄脓等。

【制剂、用法与用量】

注射用苄星青霉素：本品为青霉素的二苄基乙二胺盐与适量缓冲剂混合制成的无菌粉末。每瓶30万、60万或120万单位。临用前加注射用水适量，制成混悬液供肌肉注射用。肌肉注射用量：马、牛每次2~3万单位/千克体重，羊、猪每次3万~4万单位/千克体重，犬、猫每次4万~5万单位。3~4日重复一次。

复方苄星青霉素（三效青霉素）粉针剂：每瓶120万单位（含苄星青霉素60万单位、普鲁卡因青霉素和苄青霉素钾各30

单位，并加有适量缓冲剂）。本品具有速效、高效、长效的特点，临用前加适量注射用水，强力震摇制成混悬液后，供深部肌肉注射用。用量：各种家畜每次2万~3万单位/千克体重，隔1.5~2日一次。对重症急性病例，首次给药时应同时注射苄青霉素钾。

【休药期】牛、羊4天；猪5天；弃奶期3天。

甲氧西林（甲氧苯青霉素钠，新青霉素Ⅰ）

【性状】本品为白色结晶性粉末，有吸湿性，易溶于水，干燥状态稳定，水溶液不稳定，对酸不稳定。

【作用与用途】本品不易被青霉素酶水解，临床上主要用于治疗耐药性金黄色葡萄球菌引起的感染。肌注后缓慢游离出青霉素而呈抗菌作用，本品适用于敏感菌所致的轻度或中等感染。也可用于预防或需要长期用药的病例，如长途运输时用以预防各种呼吸道感染、牛肾盂肾炎等。

【制剂、用法与用量】

粉针剂：肌肉注射用量，各种家畜每次4~5毫克/千克体重，每6小时一次。

甲氧苯青霉素二乙酸酯：本品对家畜的乳腺炎，特别是能产生β-内酰胺酶的葡萄球菌引起的乳腺炎，有较好的疗效。吸收后分布到乳腺较多，滞留时间长。肌肉注射量：牛、羊每次0.5~1克/只。

苯唑西林钠（苯唑青霉素钠，新青霉素Ⅱ）

【性状】本品为白色粉末或结晶性粉末，易溶于水，在丙酮或丁醇中极微溶。无臭或微臭，应密封在干燥处保存。

【作用与用途】本品耐酸和耐青霉素酶，内服有效。抗菌作用比甲氧西林强，对耐药性金黄色葡萄球菌具有杀菌作用。临床上主要用于治疗耐药性金黄色葡萄球菌引起的感染或与链球菌共同引起的混合感染。肠球菌对本品耐药，但与氨苄西林或庆大霉素合用可增强对肠球菌的抗菌活性。

【制剂、用法与用量】

胶囊剂：每粒0.25克。内服量：马、牛、羊、猪每次10～15毫克/千克体重，犬、猫每次15～20毫克/千克体重，1日2～3次。

注射用苯唑西林钠：规格有0.5克和1克两种。肌肉注射用量：马、牛、羊、猪每次10～15毫克/千克体重，犬、猫15～20毫克/千克。1日2～3次，连用2～3日。

【休药期】牛、羊14天；猪5天；弃奶期3天。

氯唑西林钠（邻氯青霉素钠，邻氯苯甲异恶唑青霉素钠）

【性状】本品为白色粉末或结晶性粉末，有吸湿性，易溶于水，也可溶于乙醇。微臭，味苦，应密封于干燥处保存。

【作用与用途】本品抗菌谱和抗菌活性与苯唑西林基本相似。对金黄色葡萄球菌、链球菌、肺炎球菌（特别是耐药菌株）等具有杀菌作用，但对青霉素敏感菌的作用不如苄青霉素。其优点是不论内服或肌注，均比苯唑西林钠吸收好，血中浓度较高。

【制剂、用法与用量】

胶囊剂：每粒0.25克。内服量：马、牛、羊、猪每次5～10毫克/千克体重，犬、猫每次10～20毫克/千克体重，1日2～3次。

注射用氯唑西林钠：每瓶0.25克。肌肉注射用量同内服量。乳管注入，挤乳后每个乳室用200毫克。对非泌乳奶牛乳房灌注量，每个乳室200毫克。临用前加注射用水适量溶解。

干乳期乳剂：每支4.5克：氨苄西林0.25克与氯唑西林钠0.5克。专供停乳期乳腺炎使用，泌乳期禁用。乳房注入：干乳期奶牛，每个乳室4.5克，隔3周再注入一次。每支5克：氨苄西林0.075克与氯唑西林钠0.2克。专供泌乳期乳腺炎使用。乳房注入：泌乳期奶牛，每个乳室5克。1日2次，连用3～5日。

【休药期】注射用氯唑西林钠：牛10日。

泌乳期乳剂：弃奶期2日。

氨苄西林（氨苄青霉素）

【性状】本品游离酸为白色结晶性粉末，微溶于水，在稀盐酸或氢氧化钠溶液中溶解，不溶于乙醇或乙醚，供口服用，味微苦。其钠盐为白色或近白色粉末或结晶，有吸湿性，易溶于水，供注射用。应密封保存于冷暗处。

【作用与用途】本品具有广谱抗菌作用，对大多数革兰氏阳性菌的抗菌效力与苄青霉素相似或稍弱。对多数革兰氏阴性菌如大肠杆菌、变形杆菌、沙门氏菌、嗜血杆菌、布氏杆菌和巴氏杆菌等也有较强的抗菌作用，但这些细菌易产生耐药性。对绿脓杆菌、肺炎杆菌无效，对青霉素酶不稳定，故对耐青霉素金黄色葡萄球菌无效。主要用于对其敏感的细菌引起的肺部、肠道和尿道感染等。如犊牛白痢、马驹肺炎、猪胸膜炎、仔猪白痢等。与链霉素、庆大霉素、卡那霉素等合用，可治疗大肠杆菌病、输卵管炎、腹膜炎等。

【制剂、用法与用量】

氨苄西林混悬注射液：100 毫升：15 克氨苄西林。皮下或肌肉注射用量：家畜每次 5 ~7 毫克/千克体重，使用前应先将药液摇匀。1 日 1 次，连用 2 ~3 日。

复方氨苄西林片：氨苄西林 40 毫克与海他西林 10 毫克。内服量：犊牛每次 12 毫克/千克体重，犬、猫每次 11 ~22 毫克/千克体重，1 日 2 ~3 次。

粉针剂：每瓶 0. 25 克或 0. 5 克。肌肉、静脉注射用量：马、牛、羊、猪每次 10 ~20 毫克/千克体重，1 日 2 ~3 次。

注射用氨苄西林钠：以氨苄西林计，其规格有 0. 5 克、1. 0 克和 2. 0 克三种。肌肉、静脉注射用量：马、牛、羊、猪每次 10 ~20 毫克/千克体重，1 日 2 ~3 次，连用 2 ~3 日。

病必灵混悬液（氨苄青霉素钠注射液）：为含氨苄青霉素三水化合物的乳白色混悬液。用前应摇匀。皮下或肌肉注射 1 次用量：猪（50 千克体重）2 毫升，牛（400 千克体重）15 毫升，犬（10千克体重）0.5毫升，猫（5千克体重）0.25毫升。每日2次。

水合氨苄青霉素：为青霉素的三水化合物，作用与用途同氨苄青霉素。内服量：马、牛、羊、猪每次4~20毫克/千克体重。

乳腺炎针剂（泌乳期用）：为近白色的均匀乳剂，每支5毫升，含氨苄青霉素76~98毫克、邻氯青霉素203~250毫克。挤乳后分别从乳头向每个乳室注入一支。根据病情需要，可间隔12小时连续给药数次。用药期及停药后3日以内的奶，不得供人饮用。

乳腺炎针剂（停乳期用）：为白色油状的均匀乳剂，每支4.5毫升，含氨苄青霉素250~300毫克、邻氯青霉素495~545毫克。用法同泌乳期用的针剂。怀孕与发情期，每隔3周注射1次。专供停乳期使用。

【休药期】猪15天；牛6天；弃奶期2天。

阿莫西林（羟氨苄青霉素）

【性状】本品为近白色结晶性粉末，味微苦，微溶于水，在乙醇中几乎不溶，对酸稳定，在碱性溶液中很快被破坏。

【作用与用途】本品抗菌谱与氨苄西林相似，但杀菌作用快而强，内服后吸收较好，血药浓度较高，体内分布广，尿中浓度也较高，故对全身性感染的疗效较好。对青霉素酶不稳定，临床上对呼吸道、泌尿道、皮肤、软组织及肝、胆系统等感染疗效较好。

【制剂、用法与用量】

片剂：每片0.25克。内服量：家畜每次10~15毫克/千克体重，1日2次。

粉针剂（钠盐）：每支0.5克、1克。肌肉注射用量，家畜每次4~7毫克/千克体重，1日2次。奶牛乳管内注入：每一乳室0.2克，1日1次。

阿莫西林、克拉维酸钾注射液：50毫升：阿莫西林7克与克拉维酸钾 1.75 克；100 毫升：阿莫西林 14 克与克拉维酸钾 3.5 克。肌肉或皮下注射：每 20 千克体重，牛、猪、犬、猫 1 毫升、1 日 1 次，连用 3～5 日。

【休药期】猪 14 天；牛 14 天；弃奶期 60 小时。

2. 头孢菌素类抗生素

头孢菌素类（先锋霉素类）为广谱强杀菌剂，能耐酸、耐青霉素酶，过敏反应发生率比苄青霉素低。随着头孢菌素化学研究的进展，近年来引入临床的品种日益增多。

头孢噻吩钠（头孢菌素Ⅰ，先锋霉素Ⅰ）

【性状】本品为白色结晶性粉末，有吸湿性，易溶于水，粉末久置后颜色变黄，但不影响效力，也不增加毒性，然而溶液变黄色后则不能使用。应遮光、密封，放置于阴凉干燥处。

【作用与用途】本品主要抗革兰氏阳性菌，对革兰氏阴性菌、钩端螺旋体也有较好疗效。临床上主要用于耐药性金黄色葡萄球菌和一些革兰氏阴性杆菌引起的严重感染，如呼吸道、泌尿道感染，牛乳腺炎，预防术后败血症等。

【制剂、用法与用量】

粉针剂：每瓶 0.5 克。有效期 1.5 年。临用时加适量注射用水溶解。肌肉注射用量：马、牛、羊、猪、犬每次 10～20 毫克/千克体重，1 日 3～4 次。

头孢噻啶（头孢菌素Ⅱ，先锋霉素Ⅱ）

【性状】本品为白色或无色粉末，能溶于水，应遮光、密封，放置于阴凉干燥处。

【作用与用途】本品的抗菌谱与头孢噻吩钠相同，对革兰氏阳性菌的抗菌效力比较强，已用于变形杆菌、葡萄球菌、沙门氏菌等引起家畜的呼吸道、泌尿道等严重感染。

【制剂、用法与用量】

粉针剂：每瓶 0.5 克。临用时加适量注射用水溶解。肌肉注射用量：马、牛、羊、猪、犬每次 10～20 毫克/千克体重，1 日

3～4 次。肌肉或皮下注射量：犬、猫每次 11 毫克/千克体重，1 日 2 次，疗程不超过 7 天。兔链球菌病，20 毫克/千克体重，肌肉注射，1 日 2 次，连用 5 日。

头孢氨苄（头孢菌素Ⅳ，先锋霉素Ⅳ）

【性状】本品为白色或乳黄色结晶性粉末，微臭，味苦，微溶于水，不溶于乙醇、乙醚。

【作用与用途】本品具有广谱抗菌作用，内服后吸收迅速而完全。对革兰氏阳性菌抗菌活性较强，但肠球菌除外。对金黄色葡萄球菌、克雷白氏菌、志贺氏菌、沙门氏菌、溶血性链球菌、大肠杆菌、奇异变形杆菌等有抗菌作用，对绿脓杆菌无效。用于敏感菌所致的泌尿道、皮肤及软组织等部位的感染。

【制剂、用法与用量】

胶囊剂：每粒 0.125 克或 0.25 克。内服量：马每次 22 毫克/千克体重，1 日 4 次。犬、猫每次 11～33 毫克/千克体重，1 日 3 次。同时内服丙磺舒（犬每次 10 毫克/千克体重，1 日 4 次），可提高疗效。

乳剂：为头孢氨苄、硬脂酸、苯甲酸、大豆油等配制而成的灭菌乳剂，其规格为 100 毫升∶2 克。用于牛乳腺炎。用乳管注入，每个乳室 200 毫克，1 日 2 次，连用 2 日。用药期和停药后 48 小时内的乳制品不得供人食用。

【休药期】2 日。

头孢羟氨苄

【性状】本品为白色或黄白色结晶性粉末，微溶于水。

【作用与用途】本品的作用类似于头孢氨苄。用于由敏感菌引起的伴侣家畜呼吸道、泌尿道、皮肤等部位的感染。

【制剂、用法与用量】

胶囊剂、片剂：每粒 0.125 克或 0.25 克。内服量：犬每次 10 毫克/千克体重，1 日 2 次。猫每次 22 毫克/千克体重，1 日 1 次。

头孢唑啉钠

【性状】本品为白色或类白色结晶性粉末，无臭，味苦，极易溶于水。水溶液较稳定，室温下可保存24小时。

【作用与用途】本品的抗菌谱类似于头孢噻吩，其特点是对革兰氏阳性菌作用较强。临床上用于敏感菌所致的呼吸道、泌尿道、皮肤及软组织等部位的感染。

【制剂、用法与用量】

粉针剂：每瓶0.5克。静脉或肌肉注射用量：马每次11毫克/千克体重，1日2次。犬、猫每次15~25毫克/千克体重，1日3次。

头孢噻肟钠

【性状】本品为白色结晶性粉末，易溶于水。稀溶液无色或微黄色，高浓度时显灰黄色，若变深黄色或棕色，则表示药物已经变质。

【作用与用途】本品对革兰氏阳性菌的效力与头孢噻吩钠、头孢唑啉钠近似，对革兰氏阴性菌有较强的抗菌作用。用于由敏感菌引起的动物呼吸道、泌尿道、皮肤等部位的感染。

【制剂、用法与用量】

粉针剂：每瓶0.5克或1克。静脉注射用量：马驹每次20~30毫克/千克体重，1日4次。肌肉或静脉注射用量：犬、猫每次27.5~50毫克/千克体重，1日3次。

头孢噻呋钠

【性状】本品为白色至灰黄色粉末，无臭，有吸湿性，易溶于水。属于半合成的第三代动物专用头孢菌素。制成钠盐和盐酸盐供注射用。

【作用与用途】头孢噻呋钠具有广谱杀菌作用，对革兰氏阳性、革兰氏阴性（包括产β-内酰胺酶菌株）菌及部分厌氧菌均有效。敏感菌主要有多杀性巴氏杆菌、溶血性巴氏杆菌、胸膜肺炎放射杆菌、沙门氏菌、大肠杆菌、链球菌和葡萄球菌等。主要用于牛、猪、马呼吸道疾病、牛乳腺炎、猪放线杆菌性胸膜肺炎和犬的泌尿道感染等。

【制剂、用法与用量】注射用头孢噻呋钠，规格为1.0克。肌肉注射：一次量，每千克体重：牛1~2毫克，马2~4毫克，猪3~5毫克。1日1次，连用3日。皮下注射：一次量，每千克体重，犬2.2毫克，1日1次，连用5~14日。

【休药期】猪1日。

3. 氨基糖苷类抗生素

硫酸链霉素

【性状】本品为白色或类白色粉末，无臭或几乎无臭。有吸湿性，易溶于水不溶于乙醇或三氯甲烷等。应密封保存于干燥冷暗处。

【作用与用途】本品对结核杆菌和多种革兰氏阴性杆菌如巴氏杆菌、布鲁氏菌、沙门氏菌等、大肠杆菌、志贺氏痢疾杆菌、鼻疽杆菌等有效；对革兰氏阳性球菌的作用不如苄青霉素；对钩端螺旋体、放线菌等也有效。链球菌、绿脓杆菌和厌氧菌对本品耐药。临床上主要用于对本品敏感菌引起的急性感染，如家畜的呼吸道感染、大肠杆菌引起的肠炎、白痢、乳腺炎、子宫炎、败血症，巴氏杆菌引起的牛出血性败血症、犊牛肺炎、猪肺疫等，钩端螺旋体病、放线菌病等。此外，也可用于控制乳牛结核病的急性发作等。

【制剂、用法与用量】

注射用硫酸链霉素：规格为0.75克（75万单位）、1克（100万单位）、2克（200万单位）和5克（500万单位）等几种。肌肉注射一次量：家畜10~15毫克/千克体重，1日2次，连用2~3日。

【应用注意】细菌与链霉素经常接触，极易产生耐药性，不仅产生速度快，还与本类抗生素之间有交叉耐药性。此药可引起过敏反应、神经系统反应、阻滞神经肌肉接点（出现肌肉无力、肢体瘫痪、呼吸抑制等）和对肾脏产生轻度损害等不良反应。

【休药期】牛、羊、猪18天；弃奶期72小时。

硫酸双氢链霉素

【作用与用途】本品为白色或类白色粉末，无臭或几乎无臭，味微苦，有吸湿性。易溶于水，能溶于乙醇，在三氯甲烷中不溶解。理化性质、抗菌谱等均与链霉素相似，两者之间有完全的交叉耐药性，但因所产生的抗体不同，而无交叉过敏反应，因此，对链霉素过敏者可改用硫酸双氢链霉素。

【制剂、用法与用量】

注射用硫酸双氢链霉素：规格为0.75克（75万单位）、1克（100万单位）、2克（200万单位）等几种。肌肉注射一次量：家畜10毫克/千克体重，1日2次。

硫酸双氢链霉素注射液：规格为2毫升∶0.5克（50万单位）、5毫升∶1.25克（125万单位）、10毫升∶2.5克（250万单位）。肌肉注射一次量：家畜10毫克/千克体重，1日2次。

【应用注意】本品毒性作用比链霉素强，其他参见链霉素。

【休药期】注射用硫酸双氢链霉素：牛、羊、猪18天；弃奶期3天。注射液：牛、羊、猪28天；弃奶期7天。

硫酸新霉素

【性状】本品为白色或近白色粉末。有吸湿性，极易溶于水。应密封保存于干燥处。

【作用与用途】本品抗菌谱广，对革兰氏阴性菌、阳性菌、放线菌、钩端螺旋体、阿米巴原虫等都有抑制作用。临床上可内服治疗各种幼畜的大肠杆菌病（幼畜白痢）、子宫炎或乳腺炎，皮肤创伤、眼、耳等各种感染。此外，也可以气雾吸入，用于防治呼吸道感染。局部用药对葡萄球菌和革兰氏阴性杆菌引起的皮肤、眼、耳感染及子宫内膜炎等有良好疗效。内服后很少吸收，在肠道内呈现抗菌作用。肌肉注射后吸收良好。但由于本品毒性大，一般不宜注射给药。供人食用的家畜，不能用此药。

【制剂、用法与用量】

片剂：每片0.1克（10万单位）或0.25克（25万单位）。内服日量：马驹、犊牛2～3克，仔猪、羔羊0.75～1克，分2～4次内服（成年牛、羊不宜内服）。犬、猫内服量每次10～20毫克/千克体重，1日2次，连用3～5日。

眼药水：每毫升含新霉素5毫克。外用清眼。

复方新霉素软膏：每克含新霉素2毫克、杆菌肽250单位。外用。

新氢松软膏：每克含新霉素5毫克、醋酸氢化可的松10毫克。外用。

硫酸新霉素可溶性粉：为硫酸新霉素与蔗糖等辅料配制而成的黄褐色或褐色粉末。主要用于治疗家畜葡萄球菌、痢疾杆菌、大肠杆菌、变形杆菌等感染。规格有100克：3.25克（325万单位）、100克：6.5克（650万单位）和100克：32.5克（3 250万单位）。添加于饮水中混饮。

硫酸新霉素、甲溴东莨菪碱溶液1毫升（硫酸新霉素45～60毫克、甲溴东莨菪碱0.225～0.288毫克）。主要用于仔猪细菌性感染所致腹泻。内服，一次量，仔猪体重7千克以下1毫升，7～10千克2毫升。

硫酸新霉素预混剂：规格为饲料20千克：3 080克药（308 000万单位）。以硫酸新霉素计，混饲：每1 000千克饲料，猪用药量为77～154克。

硫酸卡那霉素

【性状】本品为白色或类白色粉末，有吸湿性，无臭或几乎无臭。易溶于水，能溶于乙醇。应遮光、密封保存于干燥处。

【作用与用途】本品抗菌谱和抗菌作用与链霉素相似，抗菌谱广，主要对革兰氏阴性菌如大肠杆菌、肺炎杆菌、沙门氏菌、变形杆菌、巴氏杆菌等有效。对耐药性金黄色葡萄球菌、链球菌和结核杆菌等也有效。本品内服吸收不良（可用于肠道感染），内服后主要用于治疗敏感菌所致的肠道感染；肌肉注射易吸收，主要用于敏感菌引起的各种感染，如败血症、皮肤软组织感染、坏死性肠炎、呼吸道感染、泌尿道感染、乳腺炎等，对猪气喘病、猪萎缩性鼻炎也有一定疗效。

【制剂、用法与用量】

片剂：每片0.25克。内服日量：马、牛、羊、猪6~12毫克/千克体重，分作2次内服。犬、猫20~30毫克/千克体重，分作3~4次内服。

粉针剂：每瓶0.5克（50万单位）、1（100万单位）克或2克（200万单位）。

注射液：规格有2毫升∶0.5克（50万单位）、5毫升∶0.5克（50万单位）、10毫升∶1.0克（100万单位）、100毫升∶10克（1 000万单位）。肌肉注射用量：马、牛、羊、猪、犊牛及水貂、狐狸等经济动物，每次10~15毫克/千克体重；犬、猫每次5毫克/千克体重；兔10~20毫克/千克体重。1日2次。连用3~5日。

【休药期】牛、羊、猪28天；弃奶期7天。

硫酸阿米卡星（硫酸丁胺卡那霉素）

【性状】本品为白色或类白色粉末，无臭，无味。极易溶于水，几乎不溶于甲醇。

【作用与用途】本品抗菌谱与庆大霉素相似，主要作用于革兰氏阴性杆菌如大肠杆菌、绿脓杆菌、变形杆菌等。对结核杆菌、金黄色葡萄球菌也有良好的抗菌作用。其特点是对氨基糖苷酶较庆大霉素和妥布霉素稳定。对这两种药耐药的病菌菌株对硫酸阿米卡星仍敏感。主要用于革兰氏阴性菌引起的呼吸道、尿道、腹腔、软组织、骨、关节、生殖系统感染和败血症等。

【制剂、用法与用量】

粉针剂：每支0.2克。

注射液：每支2毫升∶0.2克（20万单位）。

肌肉注射量：马、牛、羊、猪、犬、猫每次 5 ~7.5 毫克/千克体重，1 日 2 次。

【应用注意】不良反应主要是对听觉神经有毒性与肾有毒性。本品与青霉素类直接混合可减效，应注意避免。

硫酸庆大霉素（硫酸正泰霉素）

【性状】本品为白色或类白色粉末，有吸湿性，易溶于水。应密封保存于干燥处。

【作用与用途】本品抗菌谱广，对大多数革兰氏阴性菌有较强的抗菌作用，对常见的革兰氏阳性菌也有效。此外，结核杆菌、支原体等对本品也敏感。本品内服很少被吸收。肌注吸收迅速而完全。临床上主要用于耐药性金黄色葡萄球菌、绿脓杆菌、变形杆菌、大肠杆菌等所引起的各种严重感染，此药与地塞米松、普鲁卡因青霉素或三甲氧苄氨嘧啶合用，治愈率均在 90% 以上。

【制剂、用法与用量】

片剂：每片 20 毫克。内服日量：马驹、犊牛、仔猪、羔羊 10 ~15 毫克/千克体重，均分 3 ~4 次内服。

注射液：每支 5 毫升∶20 毫克，10 毫升∶40 毫克，20 毫升∶80 毫克。肌肉注射用量：马（驹）、牛（犊）、羊、猪、水貂每次 2 ~4 毫克/千克体重，1 日 2 次。肌肉或皮下注射用量：犬、猫每次 3 ~ 5 毫克/千克体重，1 日 2 次。兔 10 ~20 毫克/只，1 日 1 ~2 次。

【应用注意】此药主要是对肾脏和听觉神经有毒性。对兔肾脏毒性大，用时应注意。

【休药期】猪 40 天。

庆大 - 小诺霉素

【性状】由生产小诺霉素的副产物研制而成，含小诺霉素及庆大霉素成分。易溶于水。几乎不溶于甲醇等有机溶剂，稳定性良好。

【作用与用途】本品对多种革兰氏阳性菌和革兰氏阴性菌（大肠杆菌、沙门氏菌、绿脓杆菌等）均有抗菌作用，尤其对革兰氏阴性菌作用较强，抗菌活性略高于庆大霉素，而毒、副反应较同剂量的庆大霉素低。主要用于敏感菌所致的家畜疾病。

【制剂、用法与用量】

庆大-小诺霉素注射液2毫升：80毫克（8万单位），50毫升：200毫克（20万单位），10毫升：400毫克（40万单位）。肌肉注射量：家畜每次1~2毫克/千克体重。

【休药期】猪40天。

安普霉素

【性状】本品为白色粉末，溶于水。

【作用与用途】本品对防治大肠杆菌感染有效。自病猪粪便中分离出的所有大肠杆菌菌株，均对此药敏感。

【用法与用量】肌肉注射用量：犊牛、哺乳仔猪每次20毫克/千克体重。内服、混饮浓度：已断乳仔猪每升饮水加入0.2克，连用5日。混饲浓度：猪每千克饲料中加入80~100克，连用7日。

【休药期】猪21天。

硫酸妥布霉素

【性状】本品为无色结晶，有吸湿性，易溶于水。

【用法与用量】本品抗菌谱广，主要对革兰氏阴性菌有效。特别是对绿脓杆菌有高效，对其他氨基糖苷类抗生素耐药的细菌对此药敏感。对金黄色葡萄球菌的活性与庆大霉素相同，但是很多链球菌对本品耐药。临床上用于对此药敏感菌引起的各种严重感染，也用于治疗革兰氏阳性菌与阴性菌引起的混合感染。不宜用于单纯的金黄色葡萄球菌感染。与羧苄青霉素合用于绿脓杆菌感染，有协同作用。

【制剂、用法与用量】

注射液：每支2毫升：80毫克。肌肉注射用量：各种家畜每次1～1.5 毫克/千克体重，1 日 2 次。

奇放线菌素（壮观霉素，大观霉素）

【性状】其盐酸盐或硫酸盐为白色结晶，溶于水。

【作用与用途】本品对革兰氏阴性菌、阳性菌都有效，对支原体也有效。临床上用于治疗犊牛暴发性都布林沙门氏菌感染，猪、犊牛的大肠杆菌感染。

【制剂、用法与用量】内服量：犊牛、仔猪每次 11～44 毫克/千克体重，犬每次 22 毫克/千克体重，1 日 2 次。肌肉注射用量：犬每次 5.5～11 毫克/千克体重，1 日 2 次。皮下注射结合内服：犊牛（5 周龄）第一日皮下注射 22 毫克/千克体重，随后每日内服 0.5 克，连用 5 日。

硫酸威他霉素（硫酸核糖霉素）

【性状】本品为无色或白色粉末，溶于水。

【作用与用途】本品抗菌谱与卡那霉素相似，最大优点是毒性（特别对听觉神经）比本类其他抗生素小。与卡那霉素有交叉耐药性。临床上有人报道应用此药治疗由细小病毒引起的猫白细胞减少症，治愈率达 100%。

【用法与用量】肌肉注射用量：猫（治疗白细胞减少症）每次30～50 毫克/千克体重，1 日 2 次，症状改善后，每日用药 1 次。

潮霉素 B

【性状】本品为微黄色粉末，易溶于水。应密封、防潮，室温保存。

【作用与用途】本品是家畜专用抗生素，用于驱除猪的肠道线虫。猪的蛔虫、结节虫和盲肠虫长期接触时，可影响其生殖机能而抑制产卵，并对虫体有损害作用。此外，本品对革兰氏阳性菌、阴性菌、某些放线菌和抗酸菌有抗菌作用。此药毒性小，长期饲用无毒副作用。

【用法与用量】以预防猪肠道线虫为目的，混饲投药浓度为

6~12 毫克/千克，连续饲喂 8~10 周（潮霉素 B_1 毫克相当于 1 064 单位）。

越霉素 A

【性状】本品为白色粉末，易溶于水。应密封、防潮，保存于室温中极为稳定。

【作用与用途】本品对猪的蛔虫、鞭虫等有抑制产卵和驱除成虫等作用。此外，本品对革兰氏阳性菌、革兰氏阴性菌，特别是对植物的病原性霉菌，均具有较强的抗菌作用。主要用作驱除猪的肠道线虫的饲料添加剂。此药毒性小，内服后极难吸收，因此，体内各组织中均无药物分布。

【用法与用量】用在饲料添加剂，猪 5~10 毫克/千克，连续饲喂 8~10 周。

4. 四环素类抗生素

本类抗生素均为广谱抗生素，对大多数革兰氏阳性菌与阴性菌、螺旋体、放线菌、支原体、衣原体、立克次体和某些原虫（如阿米巴原虫、牛边缘无定形体、球虫等）都有抑制作用。抗酸剂，含铝、镁、钙、铁、铋等离子的物质，可影响许多四环素类药物的吸收。

土霉素

【性状】本品为黄色结晶性粉末，难溶于水。而盐酸土霉素溶于水。应密封、遮光，干燥保存。

【作用与用途】本品为广谱抗生素。临床上用于治疗幼畜副伤寒、牛出败、牛布鲁氏菌病、炭疽、猪肺疫、猪喘气病、猪痢疾，犊牛、仔猪白痢等；也可局部应用治疗马、牛子宫炎、坏死杆菌病等。此外，对无定形体（边虫）病、泰勒梨形虫病、放线菌病、钩端螺旋体病、气肿疽等也有一定疗效。

【制剂、用法与用量】

片剂：每片 0.05 克、0.1 克、0.125 克或 0.25 克。内服日量：中小家畜及水貂、狐狸等经济动物，30~50 毫克/千克体重，分2~3次内服。混饮浓度：猪：110~280毫克/千克，混饲浓度：猪200~600毫克/千克。

粉针剂：每支0.125克、0.25克、0.5克。肌肉、静脉注射日量：马、牛5~10毫克/千克体重，羊、猪7~15毫克/千克体重，犬10~20毫克/千克体重，兔40毫克/千克体重，分1~2次注射。

注射液：为含土霉素25%的灭菌油制混悬液。用于防治猪气喘病。于肩背部两侧肌肉注射，每次0.15毫升/千克体重，每隔3日注射1次。

米先10、特效米先注射液：两者均为复方长效盐酸土霉素注射液。作用也相似。含盐酸土霉素分别为10%、20%，都为琥珀色透明澄清液体，具有"硫磺"臭味。肌肉注射：猪20毫克/千克体重，1次即可。较严重的疾病，在第一次注射后3~5日再注射1次。

对已感染无定形体（边虫）病的牛、羊，肌肉注射土霉素每次11毫克/千克体重，每日1次，连用12日，可有效地消除虫体。奶牛在妊娠期的前5个月，静脉注射10克土霉素，隔12日再用同量静注1次，可抗御布鲁氏菌的传染。在仔猪3、6、12日龄时，各肌肉注射土霉素40毫克/千克体重，可在8周内，使萎缩性鼻炎感染率由30%降至零。给患纤毛虫的猪肌肉注射土霉素15毫克/千克体重，1日2次，连用4日，可完全消灭猪体内的纤毛虫。

【应用注意】土霉素可引起肠道菌群失调、二重感染和损害肝脏等不良反应。成年反刍动物、马属动物和兔不宜内服此药。一般仅可供杂食动物、肉食动物和新生反刍动物内服。

【休药期】片剂：牛、羊、猪7天，弃奶期7天；注射液：（长效）牛、羊、猪28天，弃奶期7天；（普通）牛、羊、猪8天，弃奶期48小时。

金霉素（氯四环素）

【性状】盐酸金霉素为金黄色或黄色结晶，微溶于水，应遮光、密封、干燥冷暗处保存。

【作用与用途】本品抗菌谱、不良反应及临床用途等，均与土霉素相同。二者比较，金霉素对革兰氏阳性菌、耐药性金黄色葡萄球菌感染疗效较强，对胃肠黏膜和注射局部刺激性也较强，不可肌肉注射。对母牛等的产后子宫内膜炎、乳腺炎可局部用药。

【制剂、用法与用量】

片剂（或胶囊剂）：每片（或粒）0.125 克、0.25 克。内服剂量同土霉素。也可将金霉素塞入子宫内，用量：牛 1 克/次，羊、猪 0.5 克/次。隔日 1 次，连用 3～5 次。

粉针剂：每支 0.1 克、0.2 克。临用时加入 5% 葡萄糖注射液溶解后应用。静脉注射日量：马、牛、羊、猪 5～10 毫克/千克体重。肌肉注射日量：兔 20～40 毫克/千克体重。

注射液 2 毫升：0.25 克。

软膏剂：含金霉素 1%，每支 10 克。外用。

眼膏：含金霉素 0.5%，每支 4 克。外用。

散剂：含金霉素 20%。

四环素

【性状】盐酸四环素为黄色结晶性粉末，有吸湿性，可溶于水。应遮光、密封保存于阴凉干燥处。

【作用与用途】本品抗菌谱、不良反应及临床用途等与土霉素同。两药相比较，此药对革兰氏阴性杆菌作用较强，内服后吸收良好。因此，血药浓度较高，维持时间较长，对组织渗透率高。

【制剂、用法与用量】

片剂（或胶囊剂）：每片（粒）0.125 克、0.25 克。内服剂量同土霉素。犬立克次氏体病，内服量：每次 66 毫克/千克体重，每日 1 次，连用 14 日。效果佳。犬热带性贫血，日混料内服 250 毫克，有预防效果。牛饲喂本品可控制采采蝇。兔内服 100～200 毫克/只，可治多种传染病和感染症。

粉针剂：每支 0.125 克、0.25 克或 0.5 克。肌肉、静脉注射量同土霉素。

【休药期】片剂：牛 12 天；猪 10 天。注射液：猪、牛、羊 8 天；弃奶期 2 天。

多西环素（脱氧土霉素，强力霉素）

【性状】盐酸多西环素为黄色结晶性粉末，有吸湿性，易溶于水。应遮光、密封保存于凉暗干燥处。

【作用与用途】本品是一种长效、高效、广谱的半合成四环素类抗生索，抗菌谱与四环素相似，但抗菌作用较之强 10 倍，对耐四环素的细菌有效，用药后吸收更好，并可增加体内分布，能较多地扩散进入细菌细胞内，排泄较慢。含铝、镁、钙、铁、铋等离子的物质及抗酸剂等，可影响此药的吸收。一般认为本品毒性较小，但给马属动物静注时，国内已有引起多起严重反应，甚至死亡的报道。

【制剂、用法与用量】

片剂：每片 0.05 克、0.1 克。内服量：猪、驹、犊、羔羊每次2～5 毫克/千克体重，犬、猫每次 5～10 毫克/千克体重，1 日 1 次。混饲：猪 150～250 毫克/千克，混饮：猪 100～150 毫克/千克。

粉针剂：每瓶 0.1 克、0.2 克。静脉注射用量：牛每次 1～2 毫克/千克体重，羊、猪每次 1～3 毫克/千克体重，犬、猫每次 2～4 毫克/千克体重。每日 1 次。注射时以 5% 葡萄糖注射液制成 0.1% 以下的浓度，缓缓注入。不可漏于皮下。

散剂：含多西环素 5%。供饮水用。

【休药期】28 天。

米诺环素（二甲胺四环素）

【性状】盐酸二甲胺四环素为黄色结晶，微有吸湿性，溶于水。

【作用与用途】本品为半合成抗生素，对厌氧菌、诺卡氏菌、布鲁氏菌，以及对青霉素、四环素类耐药的病菌菌株，均有较强的抗菌作用。内服后吸收良好，体内分布广，滞留时间长。在国内应用于临床的报道很少。国外主要用于犬。

【用法与用量】内服（试用量）：犬每次 3 毫克/千克体重，1 日 2 次。

5. 氯霉素类抗生素

氯霉素是第一个合成的抗生素，现已禁用。

甲砜霉素

【性状】白色结晶粉末，无臭。在二甲基甲酰胺中易溶，在无水乙醇中略溶，在水中微溶。

【作用与用途】常用于防治幼畜白痢、幼畜副伤寒、幼畜肺炎、幼畜肺炎双球菌性败血症和巴氏杆菌病等，也可局部用于治疗乳腺炎、子宫炎、传染性角膜炎和腐蹄病等。主用于敏感菌引起的呼吸道、泌尿道和肠道等感染。

【制剂、用法与用量】

甲砜霉素片：内服：一次量，每千克体重，家畜 10 ~ 20 毫克，1 日 2 次，连用 2 ~ 3 日。

氟苯尼考

【性状】本品为白色或类白色结晶性粉末，无臭。在水中极微溶解，在冰醋酸中略溶，在甲醇中溶解，在二甲基甲酰胺中极易溶解。

【作用与用途】本品为家畜专用的广谱抗生素。对大肠杆菌、沙门氏菌、克雷伯氏菌有效。主要用于牛、猪、和鱼类的细菌性疾病，如牛的呼吸道感染、乳腺炎，猪的胸膜肺炎、黄痢、白痢等。

【制剂、用法与用量】

10%粉剂：内服量（以氟苯尼考计）：每次猪20~30毫克/千克体重，1日2次。连用3~5日。鱼每次10~15毫克/千克体重，1日1次，连用3~5日。

注射液：每支2毫升：0.6克，100毫升：30克。肌肉注射量：猪每次20毫克/千克体重，每隔48小时1次，连用2次。鱼每次0.5~1毫克/千克体重，1日1次。

【应用注意】宰前30日停止给药（暂定）。有胚胎毒性。故妊娠动物禁用。

【休药期】片剂：猪20天。注射液及预混剂：猪14天。

6. 林可胺类抗生素

本类抗生素对革兰氏阳性菌有较好的抗菌作用，对革兰氏阴性菌作用较差。

林可霉素（洁霉素）

【性状】盐酸洁霉素为白色结晶性粉末，易溶于水。

【作用与用途】本品主要对革兰氏阳性菌有效，对革兰氏阴性菌作用小于其他抗生素。如与奇放线菌素合用，对支原体和埃希氏大肠杆菌感染，疗效较泰乐霉素强。临床上应用于革兰氏阳性菌引起的各种感染，特别适用于耐青霉素、红霉素菌株的感染或对青霉素过敏的患畜。本品对猪痢疾有显著疗效，也常用于由支原体（霉形体）或副溶血性嗜血杆菌引起的猪肺炎、关节炎等。

【制剂、用法与用量】

片剂或胶囊剂：每片（粒）0.25克、0.5克。内服量：马、牛每次6~10毫克/千克体重，羊、猪每次10~15毫克/千克体重，犬、猫每次15~25毫克/千克体重，1日1~2次。

注射液：每支2毫升：0.6克，10毫升：3克。静脉或肌肉注射量：猪每次10毫克/千克体重，1日1次，犬、猫每次10毫克/千克体重，1日2次。

盐酸林可霉素可溶性粉：为盐酸林可霉素与乳糖、二氧化硅等配制而成。每100克含林可霉素40克（4 000万单位）。用于防治家畜革兰氏阳性菌和支原体感染。混饮：每1升水，猪100～200毫克（活性），连用3～5日。宰前5日停止给药。

盐酸林可霉素预混剂：为盐酸林可霉素与黄豆麸、矿物油配制而成。每100克含盐酸林可霉素0.88克（88万单位），或每100克含盐酸林可霉素1.1克（1 100万单位）。用于促生长。混饲：每1 000千克饲料，猪用加44～77克（活性），连用1～3周。宰前5日停止给药。

利高霉素100可溶性粉：每1 000克中应含洁霉素222克、奇放线菌素444克（1∶2的合剂）。白色至近白色结晶性粉末，易溶于水。适用于对此二药敏感的败血性支原体（霉形体）和大肠杆菌引起的慢性呼吸道感染。内服量：猪每次10毫克/千克体重。于病症出现时开始治疗，连用3日为1疗程。药液应现配现用，屠宰前5日应停药。

利高霉素预混剂：淡褐色至褐色粉末，每千克预混剂中含洁霉素与奇放线菌素各100克（1∶1合剂）。本品仅供治疗性饲喂，不宜混饲长期使用。用量：育肥猪，按44毫克/千克混饲，连续饲喂1个月，屠宰前5日应停药。母猪于分娩前10日至分娩后10～14日连续饲喂，浓度为120毫克/千克，可减少母猪乳腺炎-子宫内膜炎-无乳综合征的发生率和仔猪死亡率。

【应用注意】本品肌注时，可致局部疼痛。有肾功能障碍的患畜应减少用量。兔对本品很敏感。

【休药期】注射液：猪2天。预混剂5～6天。

克林霉素（氯林可霉素，氯洁霉素）

【性状】克林霉素盐酸盐（或磷酸盐）为白色结晶性粉末，味苦，易溶于水。

【作用与用途】本品抗菌谱与洁霉素很相似，而抗菌作用较强。对青霉素、洁霉素、四环素或红霉素有耐药性的细菌也有效。细菌对此药的耐药性发展缓慢。适应症等与洁霉素相同。本品可完全代替洁霉素。

【制剂、用法与用量】

片剂（或胶囊剂）：每片（粒）0.075克、0.15克。内服量同洁霉素。

注射液：每支2毫升:150毫克。肌肉注射量同洁霉素。

7. 大环内酯类抗生素

本类抗生素一般为无色有机碱性化合物。主要对革兰氏阳性菌和某些革兰氏阴性球菌有效，对临床上常用抗生素形成的耐药菌也有效。毒性低，无严重不良反应，但是本类抗生素之间有不完全的交叉耐药性。

红霉素

【性状】本品为白色或近白色的结晶或粉末，微有吸湿性，难溶于水，其盐类易溶于水。

【作用与用途】本品抗菌谱与青霉素相似，对流感杆菌、巴氏杆菌、布鲁氏菌等革兰氏阴性菌敏感。此外，本品对肺炎支原体、立克次氏体、钩端螺旋体等也有效。临床上主要用于耐药性金黄色葡萄球菌、溶血性链球菌引起的严重感染（如肺炎、败血症、子宫内膜炎等）和慢性呼吸道感染等。如与链霉素等合用，可获得协同作用。

【制剂、用法与用量】

片剂：每片0.1克、0.2克、0.125克或0.25克。内服：驹、犊牛、羔羊、仔猪日量：6.6~8.8毫克/千克体重，均分3~4次内服，犬、猫每次10~20毫克/千克体重，1日2次。

粉针剂（注射用乳糖酸红霉素）：每瓶0.25克、0.3克。临用前用注射用水溶解，然后用5%葡萄糖注射液稀释成0.1%以下注射液，缓缓静脉注射或分点肌肉注射。静脉、肌肉注射用量：马、牛、羊、猪每次3~5毫克/千克体重，犬、猫每次5~10毫克/千克体重，兔肌肉注射，每次50~100毫克，每日3

次，连用3日。

栓剂：每粒0.5克（栓重3克）。此剂型较适用于中、小家畜。

红霉素硫酸月桂酸酯（红霉素丙酯十二烷基硫酸盐）：为无味红霉素，供内服用。内服量同红霉素片剂。

高力米先：为含硫代氰酸盐基的红霉素，能完全溶于水。其饲料预混剂每千克含红霉素110.4克，肌肉注射用量：马、牛、羊、猪每次1~2毫克/千克体重。犬、猫每次1~5毫克/千克体重。

【应用注意】本品对新生仔畜毒性大，内服可引起胃肠功能紊乱。粉针剂严禁用生理盐水等含无机盐类溶液配制，以免沉淀。

竹桃霉素

【性状】竹桃霉素磷酸盐为白色或淡黄色结晶性粉末。溶于水。

【作用与用途】本品抗菌谱与红霉素相似，对各种链球菌和金黄色葡萄球菌有效。对红霉素不敏感的细菌，对本品也敏感。此药对支原体（霉形体）等也有效。临床上适用于治疗猪下痢、猪丹毒、猪传染性萎缩性鼻炎、乳腺炎、牛流产、腐蹄病和犬脓皮病等。

【制剂、用法与用量】

竹桃霉素磷酸盐与四环素类（1：2~1：3）合剂：静脉或肌肉注射日量：马、牛1~5毫克/千克体重，羊、猪、犬2~10毫克/千克体重。分2次注射。由于刺激性强，因此静脉注射优于肌肉注射。用作促进生长的饲料添加剂，添加量：哺乳仔猪为0.8~40毫克/千克，可连续饲喂。

三乙酰竹桃毒素：为化学合成的竹桃霉素衍生物。内服后肠道内吸收较完全，作用时间较长。内服量：幼畜每次（按竹桃霉素计算）1.1~2.2毫克/千克体重，1日4次。

竹桃-新生霉素：为竹桃霉素的新生霉素盐。内服难吸收，注射后可吸收。羊、兔肌肉注射用量：每次20~50毫克/千克体重。血中有效浓度可维持12~24小时。种间差别很小。

柱晶白霉素（北里霉素，吉他霉素）

【性状】柱晶白霉素酒石酸盐为白色至淡黄色结品性粉末，微有吸湿性，易溶于水。

【作用与用途】本品对革兰氏阳性菌、部分革兰氏阴性菌、立克次氏体、螺旋体、支原体（霉形体）和衣原体都有效，特别是对耐药性金黄色葡萄球菌的效力强于四环素、红霉素、竹桃霉素等。临床用途同本类抗生素。治疗时常与链霉素等合用。此外，也常用作饲料添加剂，以促进家畜生长和提高饲料转化率。

【制剂、用法与用量】

内服量：猪每次20~30毫克/千克体重，1日2次。

粉针剂：每支0.2克。肌肉或皮下注射用量：各种家畜每次5~25毫克/千克体重，1日1次。

【休药期】猪7天。

泰乐霉素（泰乐菌素，泰洛星）

【性状】泰乐霉素酒石酸盐为白色或微黄色粉末，溶于水，水溶液稳定。泰乐霉素磷酸盐为白色或类白色粉末，溶于水。

【作用与用途】本品主要对革兰氏阳性菌和部分革兰氏阴性菌、螺旋体等有抑制作用，对支原体（霉形体）有特效。此药为家畜用抗生素，已用作牛、猪的饲料添加剂，能促进增重和提高饲料效益。对防治家畜支原体（霉形体）病效果佳。对其他感染，如山羊胸膜肺炎、母羊流产、猪的弧菌性痢疾、肠炎、乳腺炎、子宫炎和螺旋体病等，也都有较好的治疗作用。

【制剂、用法与用量】

肌肉注射用量：各种家畜每次2~10毫克/千克体重，1日2次。内服量：猪每次100~110毫克/千克体重，1日2次。

0.025%~0.5%溶液供猪饮用。用作饲料添加剂，混饲浓度范围为10~500毫克/千克。

特爱农注射液：肌肉注射用量每次5~13毫克/千克体重，每日2次，连用7日。屠宰前14日应停药。

磷酸泰乐菌素预混剂：由磷酸泰乐菌素与黄豆粉等配制而成。每100克含泰乐菌素2克（200万单位）。混饲，每1 000千克饲料中10~100克（猪），宰前5日停止给药。

磷酸泰乐菌素、磺胺二甲嘧啶预混剂：为磷酸泰乐菌素、磺胺二甲嘧啶与黄豆粉等配制而成。每100克含泰乐菌素2.2克(220万单位)，加磺胺二甲嘧啶2.2克。混饲，每1 000千克饲料中用本品200克（100克泰乐菌素+100克磺胺二甲嘧啶)，连用5~7日，宰前15日停止给药。

【休药期】注射液：猪14~21天。预混剂5~15天。

替米考星

本品为大环内酯类半合成家畜用抗生素。

【作用与用途】对革兰氏阳性菌及阴性菌、支原体、螺旋体均有抑制作用。对胸膜肺炎放线杆菌、巴氏杆菌、支原体具有比泰乐菌素更强的抗菌活性。主要用于由胸膜肺炎放线杆菌、巴氏杆菌、支原体引起的肺炎及泌乳动物的乳腺炎。

【用法与用量】皮下注射量：牛、猪每次10~20毫克/千克体重，1日1次。奶牛乳管内注入量：每一乳室300毫克，治急性乳房炎。混饲：猪200~400毫克/千克。用于防治胸膜肺炎和由放线杆菌及巴氏杆菌引起的肺炎。

【不良反应】本品毒性较小。注射时有局部刺激性。

【休药期】注射液：牛35天。预混剂：猪14天。

螺旋霉素

【性状】螺旋霉素游离碱为白色至淡黄色粉末，微溶于水，其盐类如硫酸盐、己二酸盐溶于水。

【作用与用途】本品用于革兰氏阳性菌、支原体（霉形体）

等引起的感染。由于排泄慢，所以，对供人食用的家畜，用药后需要较长的停药时间，才能屠宰。

【制剂、用法与用量】

肌肉或皮下注射用量：马、牛每次 4 ~ 20 毫克/千克体重，羊、猪每次 10 ~ 50 毫克/千克体重，每日 1 次。用作促进生长的饲料添加剂，添加量：哺乳仔猪为 5 ~ 100 毫克/千克。

速诺威：为含螺旋霉素 50% 的可溶性内服粉剂，用量为螺旋霉素的倍量。

8. 多肽类抗生素

本类抗生素大多数具有抗革兰氏阳性菌及阴性菌、绿脓杆菌、分枝杆菌、真菌、螺旋体和某些原虫的作用。小剂量时有抑菌作用，大剂量时有杀菌作用。这类抗生素毒性较大，主要引起神经症状，对肾脏有毒性。

多黏菌素 B

【性状】多黏菌素 B 硫酸盐为白色或淡黄色粉末，易溶于水。

【作用与用途】本品主要对革兰氏阴性杆菌有较强的抗菌作用。对绿脓杆菌的作用尤为显著，是疗效显著、较少产生耐药性的杀灭绿脓杆菌药。对革兰氏阳性菌、抗酸菌、真菌、立克次氏体及病毒等均无效。主要用于控制革兰氏阴性杆菌，特别是绿脓杆菌引起的各种感染。内服或在烧伤及创面上用药，均不易吸收，注射后吸收良好。

【制剂、用法与用量】

片剂：每片 12.5 毫克、25 毫克。内服日量：犊牛、仔猪 2 毫克/千克体重，犬、猫 6.6 毫克/千克体重，均分 3 次内服。如与新霉素、杆菌肽等合用，剂量减半。

粉针剂：每瓶 50 毫克。肌肉注射日量：马、牛、羊、猪为 1 ~ 2 毫克/千克体重，分 2 次注射。

多黏菌素 E（黏杆菌素，黏菌素）

【性状】多黏菌素 E 硫酸盐为白色或微黄色细粉末。易溶于水。

【作用与用途】主要对绿脓杆菌、大肠杆菌等大部分革兰氏阴性杆菌有抗菌作用。临床上主要用于控制各种革兰氏阴性菌，特别是绿脓杆菌和大肠杆菌引起的各种感染。如与庆大霉素合用或交替应用，有协同作用。内服不吸收。主要用于治疗大肠杆菌性肠炎及对其他药物耐药的菌痢。

【制剂、用法与用量】

片剂：每片 12.5 毫克、25 毫克。内服量：犊牛，仔猪每次 1.5 ~5 毫克/千克体重，每日 1 ~2 次。预防犊牛、仔猪菌痢，可按 5 ~40 毫克/千克混饲给药。

粉针剂：每瓶（支）50 毫克。肌肉注射量同多黏菌素 B。

注射液：2 毫升：25 毫克。肌肉注射量同多黏菌素 B。

多黏菌素 E 甲烷磺酸钠：肌肉注射用量：大、中家畜每次 0.25 ~0.5 毫克/千克体重，小家畜每次 0.5 ~1 毫克/千克体重。每日 1 次。连用 3 ~5 日。临床上本品多与青霉素合用。

硫酸黏杆菌素可溶性粉：为硫酸黏杆菌素与乳糖等配制而成，每 100 克含硫酸黏杆菌素 2 克（6 000 万单位）。用于治疗革兰氏阴性杆菌引起的肠道疾病及促进生长。混饮：每 1 升水加药（以黏菌素计）40 ~200 毫克（猪用）。宰前 7 日停止用药。

硫酸黏杆菌素预混剂：为硫酸黏杆菌素与小麦粉、脱脂米糠、玉米淀粉、乳糖等配制而成，每 100 克含硫酸黏杆菌素 2 克（6 000 万单位）。混饲（用于促生长）：每 1 000 千克饲料中牛（哺乳期）5 ~40 克，猪（哺乳期）2 ~40 克，仔猪 2 ~20 克。宰前 7 日停止用药。

多黏菌素 M（多胜菌素甲）

【性状】硫酸多黏菌素 M 为白色粉末，有吸湿性。微溶于水。本品 1 毫克相当于 8 000 单位。

【作用与用途】本品与多黏菌素 B 及 E 相同，主要对革兰氏阴性杆菌有效。内服或局部应用后很少被吸收。本品只作局部用药或内服，不作注射给药。临床上可外用治疗各种化脓性疾病，如创伤、烧伤感染、脓肿、褥疮、坏死性溃疡等。或内服治疗胃肠炎、下痢等肠道感染。

【用法与用量】内服日量：犊牛、仔猪 6 毫克/千克体重，均分 3 次内服。局部用药：冲洗剂含 1 万 ~2 万单位/毫升，软膏剂含 2 万单位/克。或用含 1 万 ~2 万单位的外用敷料。

杆菌肽

【性状】本品为白色或淡黄色粉末，有特异臭味，吸湿性强，易溶于水。水溶液呈中性，在室温下很快变质，需低温保存，并于 3 日内用完。本品效价每毫克不低于 55 单位。

【作用与用途】本品主要对各种革兰氏阳性菌有杀菌作用，对耐药性金黄色葡萄球菌、肠球菌、非溶血性链球菌，也有较强的抗菌作用，对少数革兰氏阴性菌、螺旋体、放线菌也有效。此药的抗菌作用不受脓、血、坏死组织或组织渗出液等影响。用作饲料添加剂，对促进家畜的生长发育效果良好。内服几乎不被吸收，因此一般认为，在家畜的产品内没有药物残留问题。

【制剂、用法与用量】

片剂：每片 2. 5 万单位。用作饲料添加剂，促进仔猪和犊牛等生长发育。每吨饲料中添加量：犊牛、仔猪 16. 8 万 ~84 万单位（3 ~16 克）。内服量（与链霉素等合用）：马、牛 1 万 ~2 万单位，每日 1 ~2 次，犊牛、马驹 5 000 单位，仔猪 800 单位，每日2 ~3 次。

粉针剂：每支 5 万单位。乳房内灌注量：杆菌肽 1 500 单位加多黏菌素 E 10 000 单位。溶于适当溶液 10 毫升中，于挤乳后 1 次注入。每日 1 次，连用 3 日。

杆菌肽锌：为杆菌肽的锌盐，在室温与高温中比杆菌肽稳定，且减少其苦味，增加抗菌活性。每毫升含 40 单位。常用作饲料添加剂，用量同杆菌肽。

杆菌肽锌最高残留限量：残留标示物为杆菌肽。牛、猪可食用组织500微克/千克，牛奶500微克/升。

杆菌肽锌预混剂：为杆菌肽锌与玉米粉或麸皮、碳酸钙配制而成。每1克含杆菌肽锌100毫克（4 000单位）或150毫克（6 000单位）。用于促进家畜生长。混饲：每1 000千克饲料添加量（以杆菌肽锌计）：犊牛（3月龄以下）10～100克，（31月龄）4～40克，猪（6月龄以下）4～40克。

万能肥素饲料预混剂（杆菌肽锌—粘杆菌素复合剂）：黄褐色粉末，具特异臭味。含5%杆菌肽锌和1%黏杆菌素。饲料添加量：仔猪为2～20毫克/千克，育肥猪为2～40毫克/千克。屠宰前7日应停药。禁与土霉素、金霉素、北里霉素、恩拉霉素、喹乙醇等配合使用。

【休药期】猪7天。

维吉霉素（威里霉素，维吉尼霉素，弗吉尼亚霉素）

【性状】本品为淡黄色结晶，微溶于水。

【作用与用途】本品主要对革兰氏阳性菌有抗菌作用，对金黄色葡萄球菌、支原体（霉形体）、肠球菌及其他耐药菌均有效，低浓度时抑菌，高浓度时有杀菌作用。此药主要用作饲料添加剂，对猪有促进生长和抗痢疾作用。

【制剂、用法与用量】

对未感染猪痢疾的猪群，本品促生长作用的合理饲喂用量如下（混饲连续饲喂）：体重8～15千克的猪40毫克/千克体重，体重15～40千克的猪20毫克/千克体重，体重40～60千克的猪10毫克/千克体重，体重60～105千克的猪5毫克/千克体重。

对已感染猪痢疾的猪群，此药防治的每日最佳剂量（混饲，连续饲喂）如下：90日龄以下的猪80毫克/千克体重，90～130日龄的猪40毫克/千克体重，130～200日龄的猪20毫克/千克体重。

威里霉素预混剂（速大肥素）：为威里霉素与甲基纤维素、硅酸钙等制成，浅褐色细粉末，有特异气味。含威里霉素50%。

饲料添加量：猪为 10 ~ 20 毫克/千克。

【应用注意】在屠宰前 3 日，应停止喂药。

恩拉霉素

【性状】本品为白色或微黄白色结晶性粉末，可溶于水。

【作用与用途】本品对革兰氏阳性菌，如金黄色葡萄球菌、溶血性链球菌、炭疽杆菌、破伤风杆菌等有高效，主要是杀菌作用。对各耐药菌也有效，与其他抗生素之间无交叉耐药性。内服后吸收不良，主要用作家畜的饲料添加剂。

【制剂、用法与用量】

仔猪的饲料添加剂：添加量为 2.5 ~ 20 毫克/千克。

恩拉霉素预混剂：由恩拉霉素与米糠、玉米粉等辅料制成的粉末状或颗粒状预混剂，灰色至灰褐色，具特异臭味。混饲给药，饲料中添加量：猪 10 ~ 20 毫克/千克（效价）。禁与土霉素、北里霉素、杆菌肽锌、威里霉素等配合使用。

【休药期】猪 7 天。

硫肽霉素

【性状】本品为淡黄白色结晶或结晶性粉末，极少溶于水。

【作用与用途】本品主要对革兰氏阳性菌有效，对耐青霉素、链霉素、新霉素的菌株也有同等效力。此药为家畜专用抗生素，主要用作乳猪、仔猪等的饲料添加剂。本品毒性小，内服后难吸收，一般认为，内服后畜产品无药物残留公害问题。

【用法与用量】用作饲料添加剂，添加量：乳猪、仔猪1 ~ 20 毫克/千克。

米加霉素（三鹰霉素）

【性状】本品为淡黄色粉末，不溶于水。

【作用与用途】本品主要对革兰氏阳性菌有效，对革兰氏阴性菌中的嗜血杆菌也有抗菌作用。本品毒性小，内服不被吸收，因此，主要用作促进家畜生长发育的饲料添加剂。此外，可外用治疗由革兰氏阳性菌引起的各种局部感染。

【制剂、用法与用量】

用作饲料添加剂：添加量仔猪5毫克/千克。

0.05%米加霉素软膏：局部外用。

奥沃霉素（阿伏帕量）

为含糖肽的多肽类抗生素，具有奥沃霉素A与奥沃霉素B两种主要成分，比例为1∶3或1∶4。溶于水。

【作用与用途】本品主要对革兰氏阳性菌有效。内服后几乎全部从粪便排出。主要用作促进家畜生长发育的饲料添加剂，应用此药不改变家畜小肠和咽部细菌的耐药性。

【用法与用量】用作饲料添加剂。添加量：仔猪开始时20~40毫克/千克，后期为10~20毫克/千克。

9. 含磷多糖类抗生素

大碳霉素

【性状】本品为白色或淡褐色粉末，其铵盐易溶于水。

【作用与用途】本品主要对各种革兰氏阳性菌有强大抗菌作用，对各种抗生素有耐药性的病菌菌株，本品也有抗菌作用。内服后几乎不被吸收，毒性低，专用作家畜饲料添加剂，可促进家畜生长发育，减少发病率和提高饲料效益。

【用法与用量】用作猪的饲料添加剂，添加量2~30毫克/千克。

喹北霉素

【性状】喹北霉素钠盐为白色粉末，易溶于水。

【作用与用途】本品主要对革兰氏阳性菌有效，对阴性菌一般无抗菌作用。内服后几乎不被吸收，是毒性小、安全性高的抗生素，专用作仔猪的饲料添加剂。

【用法与用量】用作仔猪饲料添加剂，添加量1~20毫克/千克。

10. 其他抗生素

新生霉素

【性状】新生霉素钠盐为白色或黄白色结晶性粉末，易溶于水。密封保存于冷暗处。

【作用与用途】本品对革兰氏阳性菌作用强，对耐药性金黄色葡萄球菌及革兰氏阴性球菌有抑制作用，但对革兰氏阴性杆菌效力很差。临床上治疗葡萄球菌、链球菌等感染。适用于对其他抗生素无效的病例。

【制剂、用法与用量】

胶囊剂（或片剂）：每粒（片）0.15 克、0.25 克。内服量：猪、犬每次 10 ~ 25 毫克/千克体重，1 日 2 次。

粉针剂：每瓶 0.25 克、0.5 克。临用前用注射用水溶解后供肌肉注射，或以生理盐水溶解后供静脉注射。切不可用葡萄糖注射液溶解，以免发生混浊。肌肉、静脉注射日量：马、牛 2 ~ 5 毫克/千克体重，羊、猪、犬 5 ~ 15 毫克/千克体重。分 2 次注射。

泰莫林（泰妙菌素，支原净，硫姆林）

【性状】泰莫林氢富马酸酯为白色结晶，溶于水。

【作用与用途】本品对多数革兰氏阴性菌和某些革兰氏阳性菌、猪痢疾、密螺旋体均有较强的抑菌作用。常用于猪痢疾、猪地方性肺炎的防治。

【用法与用量】内服量：猪每次 20 ~ 30 毫克/千克体重。混饲浓度为 200 毫克/千克（治猪地方性肺炎）或 40 毫克/千克（预防猪痢疾）。

【应用注意】禁与莫能菌素、盐霉素配合混饲。

赛地卡霉素（西地霉素）

【性状】本品为类白色或浅黄色结晶性粉末，不溶于水，易溶于氯仿、乙腈，略溶于甲醇。应避光保存，有效期 2 年。

【作用与用途】本品为抗生素类药物。主要用于治疗猪密螺旋体引起的血痢。

【制剂、用法与用量】

赛地卡霉素预混剂（克痢霉素）：为赛地卡霉素与脱脂米糠制成的白色至浅褐色粉末。每千克含赛地卡霉素 10 克、20 克、50 克。拌入饲料服用。猪：添加含赛地卡霉素 75 毫克/千克的混剂，连续用药 15 日。

【休药期】猪 1 天。

（二）磺胺类药物

1. 短效及中效磺胺药

磺胺噻唑（消治龙）

【性状】本品为白色或淡黄色结晶、颗粒或粉末，在水中溶解极微。应置遮光容器内密闭保存。

【作用与用途】本品有抑制细菌生长繁殖的作用。由于此药价廉易得，抗菌作用及疗效尚好，兽医临床上仍应用较多。

【制剂、用法与用量】

片（或粉）剂：每片 0.5 克。内服量：马、牛、羊、猪、兔首次量：0.14～0.2 克/千克体重，维持量每次 0.07～0.1 克/千克体重。1 日 2～3 次。内服时应配合等量碳酸氢钠。

注射液（磺胺噻唑钠）：5 毫升∶1 克，50 毫升∶5 克，100 毫升∶10 克。静注或肌注量：马、牛、羊、猪、兔每次 0.05～0.1 克/千克体重，1 日 2 次。

磺胺嘧啶（磺胺哒嗪）

【性状】本品为白色或近白色结晶性粉末，在水中几乎不溶，其钠盐易溶于水。应遮光、密封保存。

【作用与用途】本品抗菌力较强，对各种感染的疗效较高，副作用小，吸收快而排泄较慢，属中效磺胺。是本类药中治疗脑部细菌性感染的首选药物。对家畜流行性乙型脑炎等病毒性感染混合感染，也可选用本品。缺点是溶解度较低，较易在尿中析出结晶，因此，在内服时应配合等量碳酸氢钠。

【制剂、用法与用量】

片（或粉）剂：每片0.5克。内服量：马、牛、羊、猪首次量0.14～0.2克/千克体重，维持量每次0.07～0.1克/千克体重，犬首次量0.14克/千克体重，维持量每次0.07克/千克体重，1日2次，豚鼠内服日量：1克，分作3次服用，兔首次量0.2～0.3克/千克体重，维持量每次0.1～0.15克/千克体重。

注射液（磺胺嘧啶钠）：10毫升：1克，50毫升：5克，100毫升：10克。静脉或深部肌肉注射量：马、牛、羊、猪及水貂、狐狸等经济动物每次0.05～0.1克/千克体重，1日2次。

增效磺胺嘧啶片（敌菌灵）：每片含磺胺嘧啶25毫克、甲氧苄氨嘧啶（TMP）5毫克。

增效磺胺嘧啶钠注射液：每支10毫升，内含磺胺嘧啶钠1克、TMP 0.2克。

【休药期】注射液：牛10～12天、羊12～18天、猪12～20天；弃奶期：3天。预混剂：猪5天。

磺胺甲噁唑（磺胺甲基异噁唑，新诺明）

【性状】本品为白色结晶性粉末，几乎不溶于水。应遮光、密封保存。

【作用与用途】本品抗菌作用较其他磺胺药强，与磺胺间甲氧嘧啶同，均可名列首位。如与抗菌增效剂TMP合用，抗菌作用可增强数倍至数十倍，疗效近似四环素和氨苄青霉素，临床应用范围也相应扩大。缺点是尿中溶解度较低，因此，发生血尿等泌尿道不良反应较多，内服时应配合等量碳酸氢钠。

【制剂、用法与用量】

片（或粉）剂：每片0.5克。内服量：马、牛、羊、猪及水貂、狐狸等经济动物首次量0.05～0.1克/千克体重，维持量每次0.025~0.05克/千克体重，1日2次。

注射液：5毫升∶2克。静脉或深部肌肉注射量：马、牛、羊、猪每次0.05克/千克体重，1日2次。

增效新诺明片：每片含磺胺甲噁唑0.4克、TMP 0.08克。内服量：各种家畜每次20~25毫克/千克体重，1日2次。水貂、狐狸拌饲，每日0.5克，1日2次，连用3日。

磺胺异噁唑（磺胺二甲异噁唑，菌得清）

【性状】本品为白色或微黄色结晶性粉末，几乎不溶于水。应遮光、密封保存。

【作用与用途】抗菌效力比磺胺嘧啶强，吸收、排泄快，并且在尿中溶解度高。因此，是治疗泌尿道感染的首选药物，也可用于其他感染。

【制剂、用法与用量】

片剂（或粉剂）：每片0.5克。内服量：马、牛、羊、猪首次量为0.2克/千克体重，维持量每次为0.1克/千克体重，1日3次。

注射液：5毫升∶2克。为本品二乙醇胺的灭菌水溶液。肌肉注射量：马、牛、羊、猪每次70毫克/千克体重，1日3次。

磺胺二甲嘧啶

【性状】本品为白色或微黄色结晶性粉末，在水中几乎不溶，其钠盐溶于水。应遮光、密封保存。

【作用与用途】抗菌效力与磺胺嘧啶相似，吸收较迅速而完全，排泄较慢，在家畜体内有效浓度维持时间长，属中效磺胺。不良反应较少，不易引起泌尿道损害。生产成本低。还可防治家畜球虫病。在兽医临床上应推广应用。

【制剂、用法与用量】

片（粉）剂：每片0.5克。内服量：马、牛、羊、猪首次量0.14~0.2克/千克体重，维持量每次0.07~0.1克/千克体重，1日1~2次。混饲添加量：兔0.2%，连用1周。

注射液：2毫升∶0.4克，5毫升∶1克，10毫升∶2克，50毫升∶10克。静脉或肌肉注射量：马、牛、羊、猪每次50～100毫克/千克体重，1日1～2次。

【休药期】片剂：牛10天；猪15天。注射液：28天。

磺胺苯吡唑

【性状】本品为白色结晶性粉末，略溶于水。应遮光、密封保存。

【作用与用途】本品抗菌谱同其他磺胺类药，但抗菌效力与临床疗效不及磺胺间甲氧嘧啶、磺胺异噁唑。尿中溶解度较高，不需同时内服碳酸氢钠，不良反应较少。

【用法与用量】内服量：马、牛、羊、猪首次量：0.1克/千克体重，维持量每次0.05克/千克体重，1日2次。

磺胺间甲氧嘧啶（制菌磺）

【性状】本品为白色至微黄色结晶，几乎不溶于水，其钠盐溶于水。应遮光、密封保存。

【作用与用途】本品为一种较新的磺胺药。抗菌作用强。与磺胺甲噁唑同，均可名列磺胺药的首位。较少引起泌尿道损害，内服吸收良好，血药浓度较高。对猪弓形虫病，猪水肿病和家畜球虫病等，都有较好的疗效。

【制剂、用法与用量】

片（或粉）剂：每片0.5克。内服量：马、牛、羊、猪及水貂、狐狸等经济动物首次量0.05～0.1克/千克体重，维持量每次0.025～0.05克/千克体重，兔每次0.07克/千克体重，1日2次，仔猪自断乳日起，以含本品0.02%的饲料，连续饲喂60日，可预防弓形虫病。

注射液：每支10毫升∶1克，20毫升∶2克，50毫升∶5克。静脉注射量：家畜每次0.05克/千克体重，1日2次。

【休药期】28天。

磺胺对甲氧嘧啶（消炎磺）

【性状】本品为白色或微黄色结晶性粉末，不溶于水，其钠盐溶于水。应遮光、密封保存。

【作用与用途】本品在尿中溶解度较高，与抗菌增效剂 TMP 合用，增效较其他磺胺药显著。制造工艺简单，价格低廉，是一种较有前途的磺胺药。适用于泌尿道感染及呼吸道、皮肤和软组织等感染。

【制剂、用法与用量】

片（或粉）剂：每片 0.5 克。内服量：马、牛、羊、猪及水貂、狐狸等经济动物首次用量 0.05～0.1 克/千克体重，维持量每次 0.025～0.05 克/千克体重，1 日 2 次，兔首次量 0.1 克/千克体重，维持量每次 0.07 克/千克体重，每 24 小时 1 次。

增效磺胺对甲氧嘧啶钠注射液：每支 10 毫升的，内含本品 1 克、TMP 0.2 克；每支 5 毫升的，内含本品 0.5 克、TMP 0.1 克。肌肉注射量：各种家畜每次 0.1～0.2 毫升/千克体重，1 日 1～2 次。

【休药期】28 天；弃奶期 7 天。

磺胺氯吡嗪

【性状】本品为白色或淡黄色结晶性粉末，难溶于水，制成钠盐后，易溶于水。应遮光、密封保存。

【作用与用途】本品对家畜球虫病有较好的疗效，临床上主要用于兔等球虫病。

【制剂、用法与用量】

兔球虫病：按每日 50 毫克/千克体重，混入饲料中给药，连用 10 日，保护率达 100%；或按每日 30 毫克/千克体重，混入饮水中饮用，连用 10 日，治愈率可达 88%～100%。

磺胺氯吡嗪钠可溶性粉（三字球虫粉）：本品为淡黄色粉末。为磺胺氯吡嗪钠与乳糖配制成的粉剂，每 100 克粉剂中含磺胺氯吡嗪 30 克。专用于治疗兔、羊球虫（盲肠球虫）病。混饲：每1 000千克饲料加2 000克，连用3～5日。

2. 长效磺胺药

磺胺甲基苯吡唑

【性状】本品为白色结晶性粉末，略溶于水。应遮光、密封保存。

【作用与用途】本品抗菌谱同其他磺胺药，抗菌作用较磺胺甲噁唑弱，内服后吸收快，排泄较慢。

【用法与用量】内服量：马、牛、羊、猪0.1克/千克体重，每日服1次。

磺胺二甲氧基嘧啶

【性状】又称高效磺胺。本品为白色或乳白色结晶性粉末，微溶于水。应遮光、密封保存。

【作用与用途】本品抗菌作用及临床疗效与磺胺嘧啶相似。内服后吸收快而排泄慢，不易引起泌尿道损害。对某些原虫，如球虫、弓形虫、卡氏住白细胞原虫等有明显抑制作用。可用于犊牛等球虫病和猪弓形虫病等。

【用法与用量】内服量：马、牛、羊、猪0.1克/千克体重，每日1次。对育成牛球虫病，第一日静注0.1克/千克体重，以后每日内服0.05克/千克体重，每日1次，连用3日，重者可连用5日。对兔球虫病，可按0.075克/千克体重混饲投药，每日1次，连用3日为一疗程。间隔7日再进行第二疗程，共用3个疗程。对猪的弓形虫病，可用本品与磺胺甲氧基嘧啶的合剂，日量0.05～0.1克/千克体重，每日再加入乙胺嘧啶50毫克/头，内服，连用5～7日，效果显著。

磺胺邻二甲氧嘧啶（周效磺胺、磺胺多辛）

【性状】本品为白色或近白色结晶性粉末，几乎不溶于水。应遮光、密封保存。

【作用与用途】本品抗菌谱同磺胺嘧啶，但是效力稍弱。

【制剂、用法与用量】内服量：马、牛、羊、猪每次0.1

克/千克体重，每日1次。兔首次量0.1克/千克体重，维持量每次0.07克/千克体重，每24小时1次。

增效周效磺胺钠注射液：每支10毫升，内含磺胺二甲氧基嘧啶钠1克、TMP 0.2克。静脉或肌肉注射量：各种家畜每次0.1~0.2毫升/千克体重，每日1次。

3. 难吸收磺胺药

磺胺脒（磺胺胍）

【性状】本品为白色针状结晶性粉末，微溶于水。应遮光、密封保存。

【作用与用途】本品内服吸收少。在肠内可保持较高浓度，因而适用于肠炎、腹泻等肠道细菌性感染。但应注意，新生仔畜的肠内吸收率高于幼畜，当给肠阻塞、严重脱水等患畜投药，或对成年家畜用量过大时，都有可能因吸收较多而出现肾脏损害等不良反应。此外，成年反刍动物因胃肠内容物很多，内服后药物的浓度会受到稀释而降低疗效，现已较少应用。

【用法与用量】内服日量：各种家畜每次0.1~0.2克/千克体重，1日2次。兔首次量0.3克/千克体重，维持量每次0.15克/千克体重，1日2次。

【休药期】28天。

酞磺胺醋酰（息拉米）

【性状】本品为白色或乳白色结晶性粉末，极难溶于水。

【作用与用途】本品内服不易吸收，在肠道内逐渐分解，释放出磺胺醋酰而呈现抑菌作用，对志贺氏属细菌较为有效。主要用于菌痢、肠炎及预防手术前后的细菌性感染。

【用法与用量】内服日量：马驹、犊牛、羔羊、仔猪、兔0.1~0.3克/千克体重，分2~3次内服。

酞酰磺胺噻唑

【性状】本品为白色或微黄色结晶性粉末，不溶于水。应遮光、密封保存。

【作用与用途】本品内服后比磺胺脒更不易被吸收，并在肠内逐渐分解释放出磺胺噻唑而呈现抑菌作用。本品副作用较小而疗效较好，对预防肠道手术前后感染是一种较好的肠道磺胺药。

【用法与用量】内服日量：马驹、犊牛、仔猪、羔羊、兔0.1～0.3克/千克体重，均分3～4次内服。

【休药期】28天。

4. 外用磺胺药

磺胺（氨苯磺胺）

【性状】本品为白色或微黄色结晶性颗粒或粉末，在水中微溶，在沸水或沸醇中极易溶解。

【作用与用途】本品有抑制细菌生长繁殖的作用，但因毒性大、疗效差，故少作内用。由于此药在水中溶解度较其他磺胺药大，渗入组织的作用也较强，主要用作外用药，治疗局部感染创口。局部应用能延缓创口愈合，可在感染创口后使用，清洁创口不宜应用本品。

【制剂、用法与用量】

灭菌磺胺粉：外用。

软膏剂：含药量10%，外用。

磺胺嘧啶银（烧伤宁）

【性状】本品为白色或近白色结晶性粉末，难溶于水。应遮光、密封在阴凉处保存。

【作用与用途】本品抗菌谱同磺胺嘧啶，但是对绿脓杆菌具有强大的抗菌作用。治疗烧伤等有控制感染、促进创面干燥和加速愈合等功效。临床上适用于创面感染，特别是绿脓杆菌引起的创面感染和Ⅱ、Ⅲ度烧、烫伤。用药后不发生电解质紊乱或代谢性酸中毒等不良反应，对组织无污染现象。使用此药处理的创面，可以安全地进行植皮。

【用法】本品的粉剂、乳膏、1%～2%软膏或混悬液，作局部外用。治疗绿脓杆菌感染时，可与洗必泰等合用效果较好。

磺胺醋酰钠（磺胺乙醋酰钠）

【性状】本品为白色结晶性粉末，易溶于水。

【作用与用途】本品在水中溶解度大，溶液近中性，对黏膜刺激性小。临床上主要用于眼部感染，如结膜炎、角膜化脓性溃疡等。

【制剂与用法】本品的10%～30%的滴眼液或软膏，作局部外用。

【应用注意】此药不能与强的松龙合用。

（三）抗菌增效剂

抗菌增效剂为一类新的广谱抗菌药，与磺胺药并用后，能显著增强磺胺药的疗效，并可扩大治疗范围。曾被称为磺胺增效剂，后来发现本类药物也能大大增强某些抗生素的疗效，现已改为抗菌增效剂。

甲氧苄啶（甲氧苄氨嘧啶，三甲氧苄氨嘧啶）

【性状】本品为白色或近白色结晶性粉末，不溶于水。应遮光、密封保存。

【作用与用途】本品的抗菌谱与磺胺药基本相似，而作用较强，联合应用时抗菌作用可增强数倍至数十倍，甚至可出现杀菌作用，并可减少耐药病菌菌株的形成。由于药物剂量的减少，使不良反应的发生率降低。国内试验证明：本品与磺胺类药物配伍用，能增加其对耐磺胺药菌株的抗菌效力，对多种抗生素也都有增效作用。因此，本品与磺胺药的复方制剂，对家畜的呼吸道、消化道、泌尿道等多种感染和皮肤、创伤感染，急性乳腺炎等，都有良好的疗效。但是对绿脓杆菌、猪丹毒杆菌、结核杆菌和钩端螺旋体引起的感染无效。

【制剂、用法与用量】

片剂：每片0.1克。与其他抗菌药（如磺胺药）和用时的内服量：各种家畜每次 5～10 毫克/千克体重，每日 2 次。本品极少单独使用，因细菌极易产生耐药性。

本品与各种磺胺药的复方（增效）制剂：如片剂、注射液见各磺胺药项。各种复方制剂的配合比例相同，即磺胺药与甲氧苄氨嘧啶的比例都是 5∶1。

【应用注意】家畜妊娠初期不易应用。复方注射液由于碱性甚强，能与多种药物的注射液发生配伍禁忌。

二甲氧苄氨嘧啶（敌菌净，二氨藜芦啶）

【性状】本品为白色结晶性粉末，微溶于水。

【作用与用途】本品的抗菌作用等与 TMP 同。内服吸收差，血中最高浓度仅为 TMP 的 1/5，在胃肠内保持较高浓度。因此，用作肠道抗菌增效剂比 TMP 优越。与磺胺喹噁啉或磺胺对甲氧嘧啶合用，对球虫的抑制作用明显。国内用于防治兔球虫病、羔羊痢疾、仔猪白痢等，均获良好疗效。

【制剂、用法与用量】

复方二甲氧苄氨嘧啶片：由本品 1 份、SMM（或 SMM，SM_{12}等）5 份组成。内服量（以磺胺药计）：羔羊、仔猪、兔每次 20～25 毫克/千克体重，1 日 2 次。将此片压粉，按200～800毫克/千克浓度混饲给药，可防治大肠杆菌病等。

复方二甲氧苄氨嘧啶预混剂：由本品 40 克、SMD（或其他磺胺药）200 克与基质（淀粉）760 克（共为 1 000 克）组成。用于家畜肠道感染、球虫病等。混饲浓度：猪 1 000 毫克/千克。注意：屠宰前 10 日停止给药。

（四）呋喃类药物

呋喃妥因（呋喃坦啶）

【性状】本品为鲜黄色结晶性粉末，微溶于水，其钠盐易溶于水，但水溶性不稳定。应遮光、密封保存。

【作用与用途】本品在体内消除快，因此，不适宜用于治疗全身感染。主要用于尿道感染，如大肠杆菌、变形杆菌感染，肾盂肾炎，膀胱炎等。

【制剂、用法与用量】

片剂：每片 50 毫克、100 毫克。内服日量：各种家畜（除犬）10 毫克/千克体重，均分 2～3 次内服。犬内服量每次：4.4 毫克/千克体重，1 日 3 次。

呋喃妥因钠注射液：肌肉注射日量：各种家畜 5 毫克/千克体重，分 2 次注射。

【应用注意】严重少尿、无尿或肾功能严重不全的患畜忌用。注射液应现用现配。

（五）喹诺酮类药物

喹诺酮类药物是一类新合成的抗微生物药，其抗菌特点是作用于细菌的脱氧核糖核酸（DNA），因此与其他抗微生物药之间无交叉耐药性，而且不受质粒传导耐药性影响，对多重耐药病菌菌株仍具有较强的抗菌活性。喹诺酮类药物杀菌力强，体内吸收快，分布广泛，不良反应较少。较长期、大剂量应用时，偶尔出现溶血性贫血；妊娠家畜较长期、大剂量应用时，可发生致胎儿损伤的母畜性疾病；幼犬较长期、大剂量应用时，可产生软骨损伤，引起永久性跛行；马属动物应用本类药物，有可能由于软骨损伤，而引起负重关节的关节炎。

诺氟沙星（氟哌酸）

【性状】本品为淡黄色结晶性粉末，无臭，味苦，几乎不溶于水。

【作用与用途】本品对绿脓杆菌、沙门氏菌、大肠杆菌、奇异变形杆菌等有较强的抗菌作用，对金黄色葡萄球菌其作用也较庆大霉素强。用于敏感菌引起的泌尿道、呼吸道、肠道等感染性疾病。

【制剂、用法与用量】

胶囊剂：每粒0.1克。内服用量：家畜、犬每次10毫克/千克体重，1日2次。

【休药期】猪28天。

环丙沙星（环丙氟哌酸）

【性状】本品为淡黄色结晶性粉末，溶于水。

【作用与用途】本品的抗菌谱与氟哌酸相似。对革兰氏阳性菌有较强的抗菌活性，对革兰氏阴性菌的抗菌活性也较强，并对绿脓杆菌、厌氧菌有较强的抗菌活性。用于敏感菌引起的全身性感染及支原体感染。

【制剂、用法与用量】

乳酸环丙沙星注射液：肌肉注射用量：家畜每次2.5～5毫克/千克体重。静脉注射量：犬每次5～15毫克/千克体重。其他家畜每次2毫克/千克体重，1日2次。

【休药期】牛14～28天；猪10～28天；弃奶期84小时。

蒽诺沙星（乙基环丙沙星）

【性状】本品为淡黄色结晶性粉末，无臭，味苦。

【作用与用途】本品为广谱抗菌药。抗支原体效力比泰乐菌素、硫黏菌素强。主要用于犊牛大肠杆菌、鼠伤寒沙门氏菌感染、猪白痢、仔猪黄痢、猪水肿病等。

【制剂、用法与用量】

内服用量：猪、犬、兔每次2.5～5毫克/千克体重，1日2次。其他家畜每次2.5毫克/千克体重，1日2次，连用3～5日。

注射液：每支10毫升：50毫克，10毫升：250毫克。肌肉注射量：牛、羊、猪每次2.5毫克/千克体重，犬、猫每次2.5～5毫克/千克体重，1日1～2次。

【休药期】牛、羊14天；猪10天；兔14天。

单诺沙星（达氟沙星）

【性状】本品为淡黄色结晶性粉末。

【作用与用途】本品为广谱抗菌药。对牛、猪巴氏杆菌、大肠杆菌及猪支原体等有较强的抗菌作用。主要用于猪大肠杆菌病、巴氏杆菌病、猪支原体病等。

【制剂、用法与用量】

单诺沙星甲磺酸盐：皮下注射用量：家畜每次 1.25 毫克/千克体重，1 日 2 次。

【休药期】猪 25 天。

培氟沙星（甲氟哌酸）

【性状】本品为淡黄色结晶性粉末，无臭，味苦，不溶于水。

【作用与用途】本品为广谱抗菌药。对革兰氏阴性菌有较强的抗菌作用，效力高于氨苄青霉素，对绿脓杆菌、变形杆菌也有抗菌作用；对庆大霉素、氨苄青霉素等耐药病菌菌株有较好的抗菌效果。主要用于敏感性菌引起的肠道感染性疾病。

氧氟沙星（氟嗪酸）

【性状】本品为白色或微黄色结晶性粉末，无臭，味苦，难溶于水与乙醇。

【作用与用途】本品抗菌谱广，对革兰氏阳性菌、阴性菌和部分厌氧菌、支原体均有效，抗菌活性略优于氟哌酸。具有口服吸收较完全，血药浓度高，半衰期长等特点。可用于家畜细菌和支原体感染。

【制剂、用法与用量】

注射液：肌肉或静脉注射，家畜每次 3 ~ 5 毫克/千克体重，1 日 2 次，连用 3 ~ 5 日。

洛美沙星

【性状】本品为白色至灰黄色粉末，略溶于水，几乎不溶于乙醇，在水溶液中对热稳定，遇光变色。

【作用与用途】体外试验表明，本品对革兰氏阳性菌的抗菌活性与诺氟沙星相同，对革兰氏阴性菌的作用比诺氟沙星弱。但体内抗菌活性优于诺氟沙星。其抗菌谱及临床应用与诺氟沙星相似。口服易吸收，作用时间较长。主治家畜的急慢性呼吸道感染、肠道感染、霍乱、大肠杆菌病、伤寒、副伤寒、细菌性痢疾等。

【制剂、用法与用量】

盐酸洛美沙星：混饮浓度：25~50 毫克/升，连用 3~5 日为一疗程。

盐酸洛美沙星注射液：肌肉注射，家畜每次 2.5~5 毫克/千克体重，1 日 2 次。

（六）其他化学抗菌药

卡巴氧（痢立清，卡巴多司）

【性状】本品为黄色结晶，不溶于水。

【作用与用途】本品对革兰氏阴性菌的抗菌作用强于对革兰氏阳性菌，对猪密螺旋体病也有抑制作用。临床上可用于猪霍乱沙门氏菌引起的猪肠炎和猪痢疾的防治。

【用法与用量】混饲投药，其浓度为 50 毫克/升。

【应用注意】屠宰前 4~10 周应停药。

氟甲喹

【性状】本品为白色粉末，味微苦，有烧灼感，几乎不溶于水。

【作用与用途】为抗菌药，主要用于由革兰氏阴性菌所引起的急性胃肠道及呼吸道感染。

【制剂、用法与用量】

可溶性粉：由氟甲喹与碳酸钠、乳糖配制而成。每 100 克含氟甲喹 10 克。内服：马、牛每次 1.5~3 毫克/千克体重，羊每次3~6 毫克/千克体重，猪每次 5~10 毫克/千克体重，首次剂量加倍。1 日 2 次，连用 3~4 日。

乙酰甲喹（痢菌净）

【性状】本品为淡黄色结晶，不溶于水，是国内合成的卡巴氧类似物。

【作用与用途】本品对猪痢疾、仔猪下痢、猪腹泻、犊牛副伤寒等有较好的疗效。特别是对猪痢疾的疗效比临床上常用的抗生素好，复发率低。

【制剂、用法与用量】

片剂：每片 0.1 克、0.5 克。内服量：猪、犊牛每次 5~10 毫克/千克体重，每日 2 次，连用 3 日为一疗程。注射液(0.5%）肌肉注射量：牛、猪每次 2.5~5 毫克/千克体重，每日 2 次，3 日为一疗程。

【休药期】牛、猪 35 天。

喹噁酸

【性状】本品为白色至淡黄色结晶性粉末，不溶于水。应遮光、密封保存。

【作用与用途】主要对某些革兰氏阴性菌，如大肠杆菌、沙门氏菌、多杀性巴氏杆菌等有效，其抗菌效力强于萘啶酸。临床上应用于新生犊牛的急性腹泻、肺炎、肠炎、败血症等。本品与常用抗生素之间无交叉耐药性。

【用法与用量】内服量：犊牛每次 25~50 毫克/千克体重，1 日 2 次；或每次 12.5~20 毫克/千克体重，每 8 小时 1 次。肌肉注射量：犊牛每次 20 毫克/千克体重，每隔 4 小时 1 次。

异烟肼（雷米封）

【性状】本品为白色针状结晶或结晶性粉末，易溶于水。

【作用与用途】本品对结核杆菌有抑制和杀灭作用，疗效较好，而且用量小。多与链霉素、利福平等合用，可以减少结核菌的耐药性，提高疗效。可用于治疗家畜结核病、牛伪结核病等。

【用法与用量】配合链霉素等内服日量：牛 1～3 克，羊 0.2～0.5 克，分 3 次服。

小檗碱（黄连素）

【来源与性状】小檗碱为黄连及其他同属植物根茎中的主要生物碱。盐酸小檗碱为黄色结晶性粉末，无臭，味极苦，微溶于水。

【作用与用途】本品具有广谱抗菌作用。此外，对流感病毒、某些致病性真菌、钩端螺旋体及滴虫等也有抑制作用。用于肠炎、肺炎、消化不良、结膜炎、咽喉炎、马腺疫、血尿、疮疡肿毒等病的治疗。

【制剂、用法与用量】

盐酸小檗碱片剂：每片 0.05 克、0.1 克。内服用量：马、牛1～5 克/次，羊、猪0.2～0.5 克/次。

硫酸小檗碱注射液：5 毫升：250 毫克，5 毫升：2 100 毫克。肌肉注射：马、牛 150～400 毫克/次，羊、猪 50～100 毫克/次。

【休药期】猪 28 天。

牛至油

【性状】本品为从唇形科植物牛至中提取的挥发油，化学成分有 5-甲基-2-异丙基苯酚与甲基-5-异丙基苯酚。

【作用与用途】为抗菌药。主要用于预防及治疗仔猪大肠杆菌、沙门氏菌所致的下痢。

【制剂、用法与用量】牛至油溶液由牛至油与豆油配制而成，为淡黄色的澄清油状液体。内服：用于预防，乳猪 2～3 日龄，每头 2 毫升，8 小时后重复给药 1 次；用于治疗，乳猪 10 千克以下每头 2 毫升，10 千克以上每头 4 毫升，用药后 7～8 小时腹泻仍未停止时，重复给药 1 次。

牛至油预混剂：由牛至油与碳酸钙和淀粉等配制而成。含牛至油 2.5%。混饲：每 1 000 千克饲料，预防量，猪 500～700

克；治疗量，猪 1 000 ~1 300 克，连用 7 日。

【休药期】猪 28 天。

（七）抗真菌药

真菌感染按部位可分为两类：①体表真菌感染。主要侵害皮肤、趾甲、肉髯等处，引起各种癣病。多发生于马、牛、羊、猪、犬、兔。有些病在人、畜之间还可相互传染。②深部真菌感染。真菌侵害深部组织及内脏器官，如念珠菌病、犊牛霉菌性胃炎、牛真菌性子宫炎等。

抗真菌药主要包括：①多烯类及非烯类抗真菌抗生素。有灰黄霉素、两性霉素 B、制霉菌素、那他霉素、金褐霉素及西卡宁等。参见本章第一节之 11 项。②咪唑类抗真菌药。有克霉唑、益康唑、咪康唑、酮康唑等。本节主要介绍此类药物。③专用于浅表真菌感染的外用药。包括水杨酸、苯甲酸、十一烯酸、水杨酰苯胺、托萘酯等。

克霉唑（抗真菌 I 号）

【性状】本品为白色结晶性粉末，难溶于水。

【作用与用途】本品为广谱抗真菌药，对皮肤癣菌类的作用与灰黄霉素相似，对深部（内脏）真菌的作用类似两性霉素 B。真菌对本品不易产生耐药性。内服适用于治疗各种深部真菌感染，如肺、子宫、胃的真菌感染，烟曲霉菌病、白色念珠菌病、球孢子菌病和真菌性败血症等。控制严重感染，宜与两性霉素 B 合用。外用治疗各种浅表真菌病也有显著疗效。克霉唑目前在兽医临床上应用较少，但是它具有抗真菌谱广、毒性小、内服易吸收、对皮肤及深部真菌感染均有效等优点，值得推广应用。

【制剂、用法与用量】

片剂：每片 0.25 克、0.5 克。内服日量：马、牛 5 ~10 克，马驹、犊牛、羊、猪 0.75 ~1.5 克，均分 2 次内服。

软膏剂：含克霉唑3%或5%。外用。

益康唑（氯苯咪唑硝酸盐）

【性状】本品为白色结晶性粉末，不溶于水。

【作用与用途】本品为合成的广谱、安全、速效抗真菌药。对临床上的致病性真菌有抗菌作用。对革兰氏阳性菌，特别是球菌，也有一定的抑制作用。临床上适用于治疗皮肤或黏膜的真菌感染，如皮肤癣病、念珠菌阴道炎等。

【制剂、用法与用量】

软膏剂：含益康唑2%，每支10克。外用。

酊剂：浓度为1%，每瓶15毫升、30毫升。外用。

栓剂：每粒含50毫克、150毫克。外用。

咪康唑（双氯苯咪唑，达克宁）

【性状】常用其硝酸盐，为白色结晶或结晶性粉末，无臭。不溶于水，微溶于乙醇。

【作用与用途】本品对深部真菌和浅表真菌都有良好的抗菌作用，对葡萄球菌、链球菌等革兰氏阳性菌也有抑制作用。在应用两性霉素B无效或长期应用产生耐药性时，本品可作为替代药用于深部真菌感染。局部应用也可治疗皮肤、五官等部位的真菌感染。

【制剂、用法与用量】

注射液：每支20毫升∶200毫克。

软膏剂：2%。外用。

洗剂：1%。外用。犬、猪每日使用，连用6周。

【应用注意】静注时用5%葡萄糖液或生理盐水稀释后缓慢滴注。妊娠家畜禁用。

酮康唑

【性状】为白色结晶性粉末，不溶于水。

【作用与用途】本品可抑制真菌细胞膜麦角甾醇的生物合成，影响细胞膜的通透性，而抑制其生长。对深部真菌病和表皮真菌病均有效。口服易吸收，血浆蛋白结合率高，维持时间长。

【制剂、用法与用量】

片剂（胶囊剂）：每片（粒）200 毫克。内服量：犬、猫（日量）10 毫克/千克体重。

软膏剂：2%。外用。

【应用注意】酮康唑的不良反应是肝脏受损害和厌食，尤其是猫。孕畜禁用。

三、消毒防腐药

消毒防腐药的作用与抗生素不同，没有严格的抗菌谱，在杀灭或抑制病原体的浓度下，往往也能损害畜禽机体，故较少作体内用药，主要用于体表（如皮肤、黏膜、伤口等）、器械、排泄物和周围环境的消毒。消毒防腐药为兽医临床上常用的药物。

消毒防腐药的作用，不仅取决于其本身的理化性质，而且也受其他许多因素的影响。例如，药物浓度和作用时间（药物浓度越高，作用时间越长，效果越好）；药物的溶媒、有机物的存在（如含有大量蛋白质的分泌物、创口的脓血等）能降低重金属盐等药物的效力；微生物本身对药物的敏感性（如病毒一般对酚类耐药，对碱类敏感，处于生长繁殖期的细菌易受消毒防腐药的影响，而芽胞则难以杀灭）；环境的酸碱度［如清洁剂中的季胺类化合物，其杀菌作用随着氢离子浓度下降（pH 值升高）而明显加强，苯甲酸则在碱性环境中作用减弱］；消毒环境的温度（一般温度提高 10℃，抗菌效力增加 1 倍）等。

（一）酚　类

酚类包括苯酚、煤酚、六氯酚等，可使微生物原浆蛋白质变性、沉淀而起杀菌或抑菌作用。酚类能杀死一般细菌，对芽胞无效，对病毒与真菌无杀灭作用。

苯酚（石炭酸）

【性状】本品为无色针状结晶或白色晶块，有特异的臭味。与空气接触或久贮，往往微带红色。能溶于沸水、酒精、氯仿、甘油、脂肪油类，难溶于凡士林及液状石蜡。

【作用与用途】苯酚为原浆毒，可使菌体蛋白变性而发挥杀菌作用。可杀灭细菌繁殖体、真菌与某些病毒，常温下对芽胞无杀灭作用。加入10%食盐能增强其杀菌作用。

【用法与用量】用2%～5%水溶液处理污染，消毒用具和外科器械，并可用作环境消毒。1%的水溶液处理污染，消毒用具和外科器械，并可用作环境消毒。1%的水溶液也用于皮肤止痒。

【应用注意】本品忌与碘、溴、高锰酸钾、过氧化氢等配伍应用。因毒性较强，不宜用于创伤皮肤的消毒。

煤酚（甲酚，来苏儿）

【性状】本品新制的为无色液体，遇日光则色泽逐渐变深。商品多为浅棕黄色或暗红色的澄清液体，呈中性或弱酸性。能溶于酒精及醚，难溶于水，与水混合则成浑浊的乳状液。本品有类似苯酚的臭味。

【作用与用途】煤酚的毒性较苯酚小。能杀灭细菌繁殖体，对结核杆菌、真菌有一定的杀灭作用；能杀灭亲脂性病毒，但不能杀灭亲水病毒和芽胞。

【制剂、用法与用量】

煤酚皂溶液（来苏儿）：为黄棕色至红棕色的浓稠液体，系含煤酚47%～53%的煤酚肥皂制剂。1%～2%煤酚皂溶液用于体表、手指和器械消毒；5%溶液用于厩舍、污物等消毒。

本品浓溶液或纯品对机体组织有腐蚀作用。稀释成1%以下的浓度内服，可治疗肠臌胀、腹泻、便秘等疾病。1次内服量：马5～10毫升，牛5～15毫升，羊1～3毫升，猪1～2毫升。

松馏油

【性状】本品为黑棕色或类黑色的黏稠液体，有类似松节油的特异臭味。水中微溶，能与酒精、脂肪油任意混合。松馏油的主要成分为甲苯、二甲苯、苯酚、愈创木酚、树脂等。

【作用与用途】本品具有防腐、杀虫和刺激感觉神经末梢的作用。低浓度（2%～5%）时，能促进肉芽组织和角质的新生。

【用法】外用涂于患处，治疗蹄叉腐烂等蹄病。对创伤和慢性湿疹，可用软膏剂、擦剂治疗，以促进肉芽生长。

鱼石脂（依克度）

【性状】本品为赤褐色的黏稠液体，具有焦性沥青样臭味，加热后体积膨胀。能溶于水，呈弱酸性反应，也能溶于醇、醚及甘油。

【作用与用途】本品有缓和刺激的作用，能消炎、消肿、促进肉芽生长。用于治疗慢性皮肤炎、蜂窝织炎、腱炎、腱鞘炎、溃疡及湿疹等。内服有制酵驱风作用，用于瘤胃臌胀、前胃弛缓、胃肠气胀等。

【制剂、用法与用量】

内服，临用时先以倍量的乙醇溶解，然后加水稀释成3%～5%溶液灌服。马、牛10～30克/次，猪、羊1～5克/次。

软膏剂：含量10%～30%，外用局部涂敷。

硫桐脂：由桐油与升华硫加热后，加硫酸磺化，再用氨溶液中和制成。为棕黑色黏稠液，有特异焦臭味，能溶于水，为鱼石脂代用品。用法同鱼石脂。

复合酚（菌毒敌，农乐）

【性状】本品为含酚41%～49%、醋酸22%～26%及十二烷基苯磺酸等的水溶性混合物。为深红褐色黏稠液，有特臭味。

【作用与用途】本品为国内生产的新型、广谱、高效消毒剂。可杀灭细菌、霉菌和病毒，对多种寄生虫卵也有杀灭作用。主要用于畜舍、饲养场地、排泄物的消毒。

【用法与用量】喷洒用0.35%～1%浓度。对严重污染的环境，可适当增加浓度与喷洒次数。浸洗用时，配成1.6%的水溶液。1∶600溶液用于羊的药浴，时间1分钟。

【应用注意】稀释用水最好不低于8℃。禁止与碱性药物或其他消毒药液混用，严禁使用喷洒过农药的喷雾器喷洒本药。

复方煤焦油酸溶液（农福）

【性状】本品为醋酸、混合酚及烷基苯磺酸配制成的水溶液。液体呈深褐色，有醋酸及煤焦油的特异臭味。

【作用与用途】本品为新型、广谱、高效消毒剂。可杀灭细菌、病毒及霉菌等。用于畜舍及器具的消毒。

【用法与用量】畜舍消毒，配成1%～1.3%水溶液喷洒。器具、车辆消毒，用1.7%水溶液浸洗。

【应用注意】同复合酚。

甲酚磺酸（煤酚磺酸）

【性状】本品水溶性良好，故能配成多种制剂应用。

【作用与用途】本品是一种杀菌力强、毒性较小的杀菌消毒剂，可用于环境消毒及器械、用具的消毒。

【制剂、用法与用量】

甲酚磺酸钠溶液：可代替煤酚皂溶液用于洗手、洗涤和消毒器械及用具等。

甲酚磺酸烷基磺酸钠皂溶液：可用于公共场所消毒，洗涤毛巾，并可代替肥皂清洗动物身上的毛，具有清洁和消毒双重作用。

（二）醇　类

乙醇（酒精）

【性状】本品为无色透明液体，易挥发，易燃烧，应在冷暗处避火保存，含乙醇量不得少于95%。无水乙醇含量在99%以上，能与水、醚、甘油、氯仿、挥发油等任意组合。

【作用与用途】本品的杀菌作用是能使菌体蛋白迅速凝固并脱水。以70%～75%乙醇杀菌力最强，对芽胞无效。用浓酒精涂擦或热敷，可治疗急性关节炎、腱鞘炎、肌炎等。

【用法与用量】70%乙醇可用于手指、皮肤、注射针头及小件医疗器械等消毒，不仅能迅速杀灭细菌，还具有溶解皮脂、清洁皮肤的作用。

（三）醛　类

醛类能使蛋白质变性，杀菌作用较强。其中以甲醛的杀菌作用最强。

甲醛溶液（福尔马林）

【性状】本品为无色或几乎无色的透明液体，含甲醛 40%，有刺激性臭味。能与水或乙醇任意混合。

【作用与用途】甲醛在气态或溶液状态下，对细菌繁殖体、芽孢、真菌和病毒均有效。

【用法与用量】5% 甲醛酒精溶液，可用于术部消毒；10% ~20% 甲醛溶液可用于治疗蹄叉腐烂；5% ~10% 甲醛溶液可用于器械、手套等消毒，浸泡 1 ~2 小时；10% 溶液（含 4% 甲醛）用于保存尸体及生物标本。

甲醛熏蒸消毒可作为房舍及用具消毒剂。消毒方法是：每立方米空间用甲醛溶液 20 毫升，加等量水，然后加热使甲醛变为气体。熏蒸消毒必须有较高的室温和较高的相对湿度，一般室温不低于 15℃，相对湿度应为 60% ~80%，消毒时间为 8 小时。甲醛溶液熏蒸还可采用加入 40% 左右的高锰酸钾相互作用，高温使甲醛气体挥发而实现消毒。操作时先将高锰酸钾放入较深容器中，再缓慢加入福尔马林液，以防反应过猛药液外溢。甲醛气体消毒的特点是易在物体表面凝固成薄层，此聚合物没有穿透性杀菌作用。

甲醛溶液内服可作为防腐止酵剂，治疗肠臌胀。马 5 ~20 毫升/次，牛 8 ~25 毫升/次，羊 1 ~25 毫升/次，猪 1 ~3 毫升/次。均加水稀释 20 ~30 倍。

聚甲醛（多聚甲醛）

【性状】本品为甲醛的聚合物，有甲醛臭味，系白色疏松粉末，难溶于水，溶于稀碱和稀酸溶液。

【作用与用途】聚甲醛本身无消毒作用，在常温下缓慢的解聚，放出甲醛，发挥甲醛的作用。

【用法与用量】一般熏蒸消毒用量为每立方米3～5克，消毒时间为10小时。

露它净溶液（宫炎清溶液）

【性状】本品为磺酸间甲酚与甲醛缩合物混合的红棕色澄清水溶液，几乎无味，易溶于水、乙醇和丙酮。

【作用与用途】本品为外用防腐消毒剂。对多种细菌及真菌均有杀灭作用，主要用于牛的慢性子宫内膜炎、子宫颈炎、阴道炎及因此而造成的不孕症，猪直肠脱出和创伤、烧伤等。

【制剂、用法与用量】

36%露它净溶液：用于冲洗、涂擦患处。直接用于黏膜处时可稀释成1%～1.5%的溶液，其他患处可直接应用本品。子宫内灌注时，稀释成4%溶液，牛100～200毫升，马200～400毫升，猪150～250毫升。

【应用注意】本品水溶液稳定，可与抗生素和磺胺药同时应用。不得与纺织品和皮革制品接触。

乌洛托品（六亚甲基四胺）

【性状】本品为无色有光泽的结晶性粉末，无臭，味初甜后苦，易溶于水（1∶15），水溶液呈碱性。也可溶于酒精（1∶12.5）。

【作用与用途】乌洛托品本身不具有抗菌作用，当在酸性环境中分解出甲醛时，才呈现抗菌作用，作为尿道防腐药时，若尿为碱性，需先服氯化铵，使尿变为酸性，才能发挥防腐作用。乌洛托品常配合抗生素或其他药物治疗各种传染性疾病，如脑炎、破伤风等。配合水杨酸钠等药物治疗风湿病。一般用作静脉注射，也可内服。

【制剂、用法与用量】

注射液：每支5毫升：2克，20毫升：8克，50毫升：20克，100毫升：20克或40克。静脉注射量：马、牛每次15～30克，羊、猪每次5～10克，犬0.5～2克每次。

滴适尔

【性状】本品为一种微带甲醛味、具粉红色荧光的液体。

【作用与用途】本品系复方蒸气消毒剂。喷雾于畜舍后，可缓慢分解并释放蒸气相甲醛，从而产生广泛而持久的杀菌作用。

【用法与用量】喷雾：猪舍1：500～1：1 000倍稀释液，疫病期猪舍消毒1：128倍稀释。

【应用注意】①配制的溶液不宜超过35℃。②配成的溶液应于当日用完。③喷药人员对眼及呼吸系统应有防护器具。④应用高压喷雾器喷洒。⑤喷洒前畜舍应彻底清扫干净后再进行消毒。

（四）碱　类

氢氧化钠（苛性钠）

【性状】本品为白色块状、棒状或片状结晶，易溶于水及酒精，极易潮解，在空气中易吸收二氧化碳，形成碳酸盐。应密封保存。

【作用与用途】本品对细菌繁殖体、芽胞、病毒都有很强的杀灭作用，对寄生虫卵也有杀灭作用。

【用法与用量】2%热溶液用于被病毒和细菌污染的厩舍、饲槽和运输车船等的消毒。3%～5%溶液用于炭疽芽孢污染的场地消毒。5%溶液用于腐蚀皮肤赘生物、新生角质等。

新鲜的草木灰中含不同量的氢氧化钾（作用与氢氧化钠相同）和碳酸钾，可用作消毒。用草木灰30千克加水100升，煮沸1小时，去灰渣后，加水到原来的量，可代替氢氧化钠消毒。

【应用注意】高浓度氢氧化钠溶液可灼伤皮肤组织，对铝制品、棉、毛织物、漆面有损坏作用。

氧化钙（生石灰）

【性状】本品为白色或灰白色的硬块，无臭，易吸收水分，在空气中能吸收二氧化碳，渐渐变成碳酸钙而失效。

【作用与用途】氧化钙与水混合时，生成氢氧化钙（消石灰），其消毒作用与解离得氢氧离子多少有关。本品对大多数繁殖型病菌有较强的消毒作用，但对炭疽芽胞无效。

【用法与用量】

石灰乳：加水配成 10% ~20% 生成，涂刷于厩舍墙壁、畜栏和地面消毒。

消石灰粉末：氧化钙 1 千克加水 350 毫升生成，可撒布在阴湿地面、粪池周围及污水沟等处消毒。

【应用注意】消石灰可从空气中吸收二氯化碳，变成碳酸钙而失效，故应现用现配。

（五）酸　类

酸类解离出来的氢离子能妨碍细菌的正常代谢，从而发挥抗菌作用。其杀菌力与溶液中的氢离子浓度成正比。

硼酸

【性状】本品为无色微带珍珠状光泽的鳞片或疏松的白色粉末，无臭，水溶液呈弱酸性。

【作用与用途】本品只有抑菌作用，没有杀菌作用。因刺激性较小，不损伤组织，常用于冲洗较敏感的组织。

【制剂、用法与用量】用 2% ~4% 的溶液，冲洗眼、口腔黏膜等。3% ~5% 溶液冲洗新鲜创伤（未化脓）。

硼酸磺胺粉（1∶1）：治疗创伤。

硼酸甘油（31∶100）：治疗口、鼻黏膜炎症。

硼酸软膏（50%）：治疗溃疡、褥疮等。

水杨酸（柳酸）

【性状】本品为白色细微的针状结晶或毛状结晶性粉末，无臭、味微甜。在酒精中易溶，在水中微溶，水溶液呈酸性。

【作用与用途】水杨酸的杀菌作用较弱，但仍有良好的杀霉菌作用，并有溶解角质的作用。

【用法与用量】5%～10%酒精溶液用于治疗霉菌性皮肤病。5%～20%溶液能溶解角质，促进坏死组织脱落。5%酒精溶液或纯品可治疗蹄叉腐烂等。1%软膏用于肉芽创口治疗。

【应用注意】本品对胃黏膜刺激性强，不能内服。

十一烯酸

【性状】本品为黄色油状液体，难溶于水，溶于醇，可与油相混合。

【作用与用途】本品有抗霉菌作用，5%～10%醇溶液或20%软膏，用于治疗皮肤霉菌感染。

苯甲酸

【性状】本品为白色或微带黄色的轻质鳞片或针状结晶，无臭或微有香气，易挥发。

【作用与用途】本品治疗皮肤霉菌病。本品在氢离子浓度10 000纳摩/升以上（pH值5以下）时杀菌效力最大，可用作药剂的防腐剂。用作饲料防霉剂时，可先用乙醇配成溶液，再加入饲料中充分搅拌均匀。饲料添加剂量不超过0.1%。

（六）氧化剂

氧化剂是一些含不稳定的结合态氧的化合物，遇有机物或酶即释放出初生态氧，破坏菌体蛋白或酶而呈现杀菌作用。同时对组织细胞也有不同程度的损伤和腐蚀作用。

过氧化氢溶液（双氧水）

【性状】本品为含3%过氧化氢（H_2O_2）的无色澄明液体。味微酸，遇有机物迅速分解，久贮易失效。故常保存浓过氧化氢溶液，临用时稀释成3%的溶液。应密封贮存于阴凉处。

【作用与用途】临床上主要用于清洗化脓创面或黏膜。过氧化氢在接触创面时，由于分解迅速，会产生大量气泡，将创腔中的脓块和坏死组织排除，有利于清洁创面。

【用法与用量】清洗化脓创面用1%～3%溶液。冲洗口腔黏膜用0.3%～1%溶液。3%以上高浓度溶液对组织有刺激性和腐蚀性。

高锰酸钾（过锰酸钾）

【性状】本品为黑紫色结晶，能溶于水，应密封保存。

【作用与用途】本品为强氧化剂，遇有机物时即起氧化反应，因无游离状氧原子放出，故不出现气泡。高锰酸钾的抗菌作用、除臭作用比过氧化氢溶液强而持久，但其作用极易因有机物的存在而减弱。高锰酸钾还原后所生成的二氧化锰，能与蛋白质结合成蛋白盐类复合物，故有收敛、止泻等作用。

【用法与用量】内服0.1%高锰酸钾溶液，可治疗马急性胃肠炎、腹泻等。还可用于生物碱、氰化物中毒时洗胃，治疗毒蛇咬伤等。内服量：马、牛5～10克/次，猪、羊0.3～0.5克/次，配成0.1%～0.5%溶液。用0.01%～0.05%溶液洗胃，用于某些有机物中毒。1%溶液冲洗毒蛇咬伤的伤口。外用0.1%高锰酸钾溶液，冲洗黏膜及皮肤创伤、溃疡等。

【应用注意】溶液宜临用现配，久贮易还原失效。

过氧乙酸

【性状】本品为无色透明液体，易溶于水和有机溶剂。

【作用与用途】本品具有高效、速效和广谱杀菌作用。对细菌、芽胞、霉菌和病毒均有效，对组织有刺激性、腐蚀性。

【用法与用量】用0.5%溶液喷洒消毒畜舍、饲槽、车辆等。

0.04% ~0.2%溶液用于耐酸塑料、玻璃、搪瓷和橡胶制品的短时浸泡消毒。5%溶液每立方米2.5毫升喷雾消毒密封的实验室、无菌室、仓库等。

在一般情况下，当温度在15℃以上，相对湿度为70% ~ 80%时，室内熏蒸用药每立方米1克，作用60分钟，可使细菌繁殖体、病毒与细菌毒素的污染减少，达到消毒目的。对细菌、芽胞，则每立方米需用3克，作用90分钟。当温度为0 ~5℃时，只有将相对湿度提高到90% ~100%，并每立方米用5克，作用120分钟左右，才能达到消毒目的。

【应用注意】稀释液不能久贮，应现用现配。能腐蚀多种金属，并对有色棉织品有漂白作用。蒸气有刺激性，不能带畜消毒。

（七）卤素类

卤素类中，能作消毒防腐药的主要是氯、碘以及能释放出氯、碘的化合物。它们能氧化细菌原浆蛋白活性基团，并和蛋白质的氨基结合而使其变性。氯为气体，使用不方便，一般用含氯的化合物。

碘

【性状】本品为灰黑色带金属光泽的片状结晶或颗粒，有挥发性，难溶于水，溶于酒精及甘油，在碘化钾的水溶液中易溶解。应密封放冷暗处保存。

【作用与用途】碘有很强的消毒作用，可杀死细菌、芽胞、霉菌和病毒。碘对黏膜和皮肤有强烈的刺激作用，可使局部组织充血。促进炎性产物的吸收。

【制剂、用法与用量】

2%碘酊：碘20克、碘化钾15克（加蒸馏水20毫升溶解）、乙醇500毫升，再加蒸馏水至1 000毫升组成。为红棕色澄清液体。遮光、密封保存。用于手术前和注射前皮肤消毒。

5%碘酊：碘50克、碘化钾10克、蒸馏水10毫升，加75%乙醇至1 000毫升组成。为红棕色澄明液体，遮光、密封保存。主要用于大动物手术部位及注射部位等消毒。

10%碘酊：碘100克、碘化钾75克、蒸馏水80毫升，加75%乙醇至1 000毫升组成。主要作为皮肤刺激药，用于慢性腱炎、关节炎等。

4%碘酊：制成药饵喂青鱼，防治青鱼球虫病。用于饮水消毒，可在1升水中加入2%碘酊5～6滴，能杀死病菌及原虫。

碘蒸气：当空气中碘蒸气浓度达到0.003 5毫克/升（相对湿度>50%）时，可消毒空气。

复方碘溶液（鲁格氏液）：为5%的水溶液。碘50克、碘化钾100克，加蒸馏水至1 000毫升组成，用于治疗黏膜的各种炎症，或向关节腔、瘘管内注入。

5%碘甘油溶液：碘50克、碘化钾100克、甘油200毫升，加蒸馏水至1 000毫升组成。用于治疗黏膜的各种炎症。

碘仿

【性状】本品为黄色有光泽的针状结晶性粉末，难溶于水，能溶于酒精及甘油，应密封放在暗处保存。

【作用与用途】碘仿本身没有防腐作用，当它与组织液接触时，能分解出游离的碘，呈现防腐作用。分解过程缓慢，因此作用持久（1～3日），碘仿对组织的刺激性小，并能促进肉芽的形成。由于碘仿有特殊气味，故有防蝇作用。

【制剂、用法与用量】

碘仿甘油：碘仿15克、甘油70毫升，加蒸馏水120毫升组成。用于化脓创。

碘仿硼酸粉（1∶9）、碘仿磺胺粉（1∶9）、碘仿磺胺活性炭粉（各等份配合），这三种粉剂均用于治疗创伤、溃疡等。

3%碘仿醚溶液：用于治疗深部瘘管、蜂窝织炎和关节炎等。

5%~10%碘仿凡士林软膏：可涂敷患部。

聚维酮碘（吡咯烷酮碘）

【性状】本品系碘的有机复合物，为黄棕色无定形粉末或片状固体，微有特臭味，可溶于水。

【作用与用途】本品遇组织中还原物时，慢慢放出游离碘。对皮肤刺激性小，毒性低，作用持久。用于皮肤黏膜的消毒。

【制剂、用法与用量】

5%气雾剂（含有效碘0.5%）：用于喷洒伤口或烧伤创面。

7.5%溶液（含有效碘0.75%）：用于手术前洗手。

10%溶液（含有效碘1%）：用于手术部位消毒及伤口涂布。

碘伏（敌菌碘）

【性状】本品为碘、碘化钾、磷酸、硫酸与表面活性剂配成的水溶液。为红色黏稠液体，含有效碘2.7%~3.3%（克/毫升）。

【作用与用途】本品杀菌作用持久，能杀死病毒、细菌、芽胞、真菌及原虫等。用于手术部位和手术器械消毒。

【用法与用量】本品配成0.5%~1%溶液，消毒手术部位与手术器械。

复合碘溶液（雅好生）

【性状】本品为碘、碘化物与磷酸配制而成的水溶液，含活性碘1.8%~2%。红棕色黏稠液体。

【作用与用途】本品有较强的杀菌消毒作用，用于畜舍、器械消毒和污物处理等。

【用法与用量】用1%~3%溶液喷洒消毒畜舍、屠宰房间等。0.5%~1%溶液用于消毒器械。

【应用注意】密封保存于阴凉干燥处。

碘酸混合溶液（百菌消）

【性状】本品为碘、碘化物、硫酸及磷酸制成的水溶液，含有效碘2.75%~2.8%。为深棕色的液体，有碘特臭味，易挥发。

【作用与用途】本品有较强的杀灭细菌、病毒及真菌的作用。用于外科手术部位、畜舍、畜产品加工场所及用具等的消毒。

【用法与用量】用 1∶100 至 1∶300 浓度溶液消毒病毒类。1∶300 浓度用于手术室及伤口消毒。1∶400 至 1∶600 浓度用于畜舍及用具消毒。1∶1 500 浓度用于牧草消毒。1∶2 500 浓度用于饮水消毒。

含氯石灰（漂白粉）

【性状】本品为白色颗粒状，粉末有氯臭。微溶于水和醇，遇酸分解，久露在空气中能吸收水分变潮而分解失效。新制漂白粉含有效氯 25% ~30%（一般含量 25% 计算用量）。

【作用与用途】漂白粉遇水生成次氯酸，而次氯酸又可放出活性氯和初生态氧，呈现杀菌作用。能杀灭细菌、芽胞、病毒及真菌。其杀菌作用强。

在漂白粉溶液中加入半量或等量的氯化铵、硫酸铵或硝酸铵，可加强其杀菌作用。这种溶液称为漂白粉活性溶液。活性溶液的杀菌效力在最初几分钟内最强，配成后应在 1 ~2 小时内使用，否则效力大大降低。

【用法与用量】用 5% ~20% 混悬液喷洒，也可用干粉末撒布。每 50 升水中加 1 克，用于饮水消毒。

【应用注意】不能用于金属制品及有色棉织物的消毒。用时现配，久贮易失效。保存于阴暗、干燥处，不可与易燃易爆物品放在一起。

次氯酸钙（漂白粉精）

【性状】本品为白色粉末，有氯臭味，易溶于水，有少量沉渣。对物品有较强的腐蚀及漂白作用。溶液呈碱性，其 pH 值随浓度增加而升高。

【作用与用途】与漂白粉相同。

【用法与用量】消毒方法同漂白粉，其使用浓度为2%溶液，喷洒消毒地面或墙壁。或用干粉撒布。

【应用注意】同漂白粉。

三合二（三次氯酸钙和二氢氧化钙）

【性状】本品为白色粉末，有氯臭味，能溶于水，溶液有杂质沉淀。性质较漂白粉稳定，但可吸收空气中的水分而潮解。有效氯含量56%~60%（一般按含56%计算用量）。对物品有腐蚀与漂白作用。水溶液呈酸性。

【作用与用途】其作用与漂白粉相同。此外还可用于化学毒剂的消毒，因其中所含的氢氧化钙可中和沙林与路易氏等毒剂。

【用法与用量】用1%~2.5%溶液进行喷洒，消毒墙壁或地面。用干粉撒布消毒时，每平方米用10~20克，作用2~4小时。

【应用注意】同漂白粉。

氯胺-T（氯亚明）

【性状】本品为白色或淡黄色晶形粉末。有氯臭味，味苦，露置空气中逐渐失去氯而变黄色，含有效氯11%以上。溶于水，不溶于氯仿，遇醇分解。

【作用与用途】本品为含氯的有机化合物，遇有机物可缓慢放出氯而呈现杀菌作用，杀菌谱广。对细菌繁殖体、芽胞、病毒、真菌孢子都有杀灭作用，但作用较弱而持久，对组织刺激性也弱。特别是加入活化剂，提高酸度，能短时间释放出大量活性氯，使其杀芽胞作用提高40倍。

【用法与用量】0.2%~0.3%溶液可用作黏膜消毒。0.5%~2%溶液可用于皮肤和创伤的消毒。

二氯异氰尿酸钠（优氯净）

【性状】本品为白色晶粉，有氯臭味，含有效氯60%~64%，性质稳定。易溶于水，水溶液显酸性，且稳定性差。

【作用与用途】杀菌力较氯胺强，对细菌繁殖体、芽胞、病毒、真菌孢子均有较强的杀灭作用，可用于水、食品工厂的加工器具及餐具、食品、车辆、厩、用具等的消毒。

【制剂、用法与用量】

消毒浓度（以有效氯含量计）：饮水0.5毫克/升，食品加工厂、厩舍、蚕室、用具、车辆用50～100毫克/升溶液消毒。

消毒灵：为优氯净加稳定剂的专用制剂，含有效氯10%。

0.125%～0.25%溶液（含有效氯125～250毫克/升）：消毒厩舍、车辆、用具等。

三氯异氰尿酸

【性状】本品为白色结晶性粉末或粒状固体，具有强烈的氯气刺激味，含有效氯在85%以上，水中的溶解度为1.2%，遇酸或碱易分解。

【作用与用途】本品是一种极强的氧化剂和氯化剂，具有高效、广谱、较为安全的消毒作用，对细菌、病毒、真菌、芽胞等都有杀灭作用，对球虫卵囊也有一定的杀灭作用。可用于环境、饮水、饲槽、鱼塘、蚕房等的消毒。

【用法与用量】粉剂：用4～6毫克/升饮水消毒。用200～400毫克/升溶液进行环境、用具消毒。按5～10毫克/升带水清塘，10日后可放鱼苗。按0.3～0.4毫克/升全池泼洒，防治鱼病。

氯溴异氰酸（氯溴三聚异氰酸，691饮水消毒剂，防消散）

【性状】本品是氯化异氰尿酸类消毒药之一。为白色粉末，易溶于水，溶液呈酸性。

【作用与用途】本品具有含氯量高、杀菌力强、杀菌谱较广的特点。对细菌繁殖体、病毒、真菌孢子及细菌芽孢等都有较强的杀灭作用，目前广泛应用于桑蚕消毒、饮水消毒和其他卫生消毒等。还用于配制去垢消毒剂、去污粉和用具洗涤液等。

【用法与用量】①喷洒消毒：用于墙壁、地面以及用具、器械等的消毒。如地面消毒，每100平方米用药液25升（浓度为

0.5%～1%，临用现配)，喷洒后，保持湿润半小时，即可达到消毒目的。②烟熏消毒：对于不宜采用喷洒消毒的，可用烟熏法消毒。每立方米空间用本品5克，与1/2量的助燃剂（如焦糠）混合后点燃于室内，密闭门窗2～12小时或更长时间后，敞开门窗通风即可。③干粉消毒：用于含水量较多的排泄物或潮湿地面的消毒。用量可按排泄物量的1/15～1/10计算，处理时应略加搅拌，待作用2～4小时或更长时间后再清除掉。

【应用注意】①本品有腐蚀作用和漂白作用。使用时应戴口罩、手套等防护用品。②不可消毒纺织物或金属用具。③烟熏消毒时应先将表面清除干净，晾干后方可消毒，④用助燃剂熏烟时，应临用时现配。

洗消净

【性状】本品是由次氯酸钠溶液（含氯量不得低于5%）和40%十二烷基磺酸钠溶液等混合配制而成，它是一种新型的含氯消毒洗涤剂。

【作用与用途】本品对细菌、芽胞、病毒均有杀灭作用，为广谱、高效、快速的杀菌消毒剂。使用范围广泛，可用于医疗器械、各种用具、动物食具及排泄物的消毒等。

【用法与用量】取本品25毫升，用10升水稀释，将被洗涤物品放在此溶液中刷洗，即可达到消毒的目的。油污较多的物品，需在溶液中浸泡3～5分钟，然后再刷洗，刷洗后用自来水冲洗干净即可。

【应用注意】配制本品可用自来水。冬季油垢易凝固，故水温应保持在40℃左右。不宜在高温和强光下存放。

未经稀释的原液，有较强的漂白及腐蚀作用，故不能用于有颜色物品的消毒。

复合亚氯酸钠（达奥赛）

【性状】本品含二氧化氯（ClO_2）为22.5%～27.5%，含活化剂以盐酸（HCl）计不得少于17%（克/毫升）。呈白色粉末或颗粒，有较弱的漂白粉气味。

【作用与用途】本品以二氧化氯为主要药物，加活化剂和赋形剂制成，具有较强的杀灭细菌及病毒的作用，为一种较好的新型广谱消毒防腐药物，并有除臭作用。可用于畜舍、饲喂动物的器具及饮水等的消毒。

【用法与用量】应用时取本品 1 克，加水 10 毫升溶解，再加活化剂 1.5 毫升活化后，加水至 150 毫升为原液备用。喷洒：将备用原液稀释 15～20 倍喷洒，消毒畜舍、饲喂器具等，按 200～1 700 倍稀释，用于饮水消毒等。

【应用注意】①避免与强还原剂及酸性物质接触。②现用现配。③本品浓度为 0.01% 时，对铜、铝有轻度腐蚀，对碳钢有中度腐蚀作用。

（八）染料类

染料可分为碱性和酸性染料两大类。它们的阳离子或阴离子，能分别与细菌蛋白质的羧基和氨基相结合，从而影响其代谢，呈抗菌作用。常用的碱性染料对革兰氏阳性菌有效，而一般酸性染料的抗菌作用则微弱。

甲紫（龙胆紫，结晶紫）

【性状】甲紫、龙胆紫和结晶紫是一类性质相同的碱性染料。为暗绿色带金属光泽的粉末，可溶于水和乙醇。以龙胆紫的应用较为广泛。

【作用与用途】甲紫为碱性染料，对革兰氏阳性菌有选择性抑制作用，对霉菌也有作用。其毒性很小，对组织无刺激性，有收敛作用。

【用法与用量】1%～3% 水溶液或酒精溶液、2%～10% 软膏，治疗皮肤、黏膜创伤及溃疡。1% 水溶液也用于治疗烧伤。

依沙吖啶（利凡诺，雷佛奴尔）

【性状】本品为鲜黄色结晶性粉末，无臭，溶于水，难溶于酒精。

【作用与用途】本品为外用杀菌防腐剂，对革兰氏阳性菌及少数阴性菌有强大的抑菌作用。但作用缓慢。对组织无刺激性，毒性低，穿透力较强。

【用法与用量】可用0.1%溶液冲洗或湿敷感染创，1%软膏用于小面积化脓创面。

（九）表面活性剂

表面活性剂又称除污剂或清洁剂，这类药物能降低表面张力，改变两种液体（常为油类和水）之间的表面张力，有利于乳化除去油污，起清洁作用。此外，这类药物能吸附于细菌表面，改变细菌体细胞膜的通透性，使菌体内的酶、辅酶和代谢中间产物逸出，阻碍细菌的呼吸及糖酵解过程，并使菌体蛋白变性，因而呈现杀菌作用。

苯扎溴铵（新洁尔灭）

【性状】本品为无色或淡黄色胶状液体，易溶于水，水溶液为碱性。性质稳定。对金属、橡胶、塑料制品无腐蚀作用。

【作用与用途】本品为阳离子表面活性剂，有较强的消毒作用。对多数革兰氏阳性菌和阴性菌有杀菌作用。对病毒效果差，不能杀死结核杆菌、霉菌和炭疽芽胞。

【用法与用量】0.1%溶液消毒手指，或浸泡5分钟消毒皮肤、手术器械和玻璃用具等。0.01%～0.05%溶液用于黏膜（阴道、膀胱等）及深部感染伤口的冲洗。

【应用注意】忌与碘、碘化钾、过氧化物等配伍应用。不可与普通肥皂配伍。浸泡器械时应加入0.5%亚硝酸钠，以防生锈。不适用于消毒粪便、污水、皮革等。

氯已定（洗必泰）

【性状】本品的盐酸盐或醋酸盐，均为白色结晶状粉末，无臭，有苦味，微溶于水及酒精。

【作用与用途】本品有广谱抑菌、杀菌作用，对革兰氏阳性菌、阴性菌及真菌均有杀灭作用，无局部刺激性。

【制剂、用法与用量】

0.02%水溶液用于手术前手的消毒，3分钟即可达消毒目的。0.05%水溶液用于冲洗创伤。0.1%水溶液浸泡器械（应加0.1%亚硝酸钠），一般浸泡10分钟以上。0.5%水溶液喷雾或擦拭无菌室、手术室用具。0.05%水溶液或酒精溶液进行术野消毒，效力与碘酊相等。

盐酸洗必泰和醋酸洗必泰外用片：每片5毫克。

消毒净

【性状】本品为白色结晶性粉末，无臭，味苦，微有刺激性。易受潮，易溶于水、酒精，水溶液易起泡沫，对热稳定。

【作用与用途】本品为阳离子表面活性剂，外用广谱消毒药，对革兰氏阳性菌及阴性菌，均有较强的杀菌作用。常用于手、皮肤、黏膜、器械等的消毒。

【用法与用量】0.05%水溶液可用于冲洗黏膜。0.1%水溶液用于手指和皮肤消毒。0.05%水溶液（加入0.5%亚硝酸钠）用于浸泡金属器械。

【应用注意】不可与合成洗涤剂或阴离子表面活性剂接触，以免失效。在水质硬度过高的地区应用时，药物浓度应适当提高。

度米芬（消毒宁）

【性状】本品为白色或微黄色片状结晶，味极苦，能溶于水、酒精、丙酮。

【作用与用途】为表面活性广谱杀菌剂，用于口腔感染的辅助治疗及皮肤消毒。

【用法与用量】0.02%～1%溶液用于皮肤、黏膜消毒及局部感染湿敷。0.05%（加0.05%亚硝酸钠）水溶液用于器械消毒。还可用于食品厂、奶牛场用具设备的贮藏消毒。

曲比氯铵（创必龙）

【性状】本品为白色结晶性粉末，无臭或微有刺激性臭味，有吸湿性，在空气中稳定，易溶于水、乙醇和氯仿。

【作用与用途】本品为双季铵盐，对一般抗生素无效的葡萄球菌、链球菌和念珠菌以及皮肤癣菌等均有抑制作用。

【用法与用量】0.1%乳剂或0.1%油膏用于防治烧伤后感染、术后创口感染及白色念珠菌感染等。

百毒杀（癸甲溴氨溶液）

【性状】本品为无色、无臭液体，能溶于水，振摇时有泡沫产生。

【作用与用途】本品为双链季铵盐消毒剂，对细菌、病毒及真菌等都有杀灭作用，可用于饮水、环境、种蛋、饲养用具的消毒，还可用于肉制品和乳制品机械的消毒。

【用法与用量】溶液有50%及10%两种浓度。50%浓度，饮水消毒用50～100毫克/升；10%浓度，饮水消毒用250～500毫克/升。可用50%浓度的液体配成100～200毫克/升，或用10%浓度的液体配成500～1 000毫克/升，用于发生传染性疾病时厩舍、器具的消毒。

【应用注意】不可超量应用，避免中毒。

（十）其他消毒防腐药

环氧乙烷

【性状】本品在低温时为无色透明液体，易挥发，有醚样气味，能溶于水和大部分有机溶媒。易燃烧，在空气中其蒸气达3%以上就能引起燃烧。

【作用与用途】本品为广谱、高效的气态消毒药。对细菌、芽胞、真菌、立克次氏体和病毒等各种微生物都有杀灭作用。适用于精密仪器、医疗器械、生物制品、皮革等的消毒；也可用于仓库、实验室、无菌室等空间消毒。

【用法与用量】杀灭繁殖型细菌，每立方米用 300～400 克，作用 8 小时；消毒芽胞和霉菌污染的物品，每立方米用 700～950 克，作用 24 小时。一般置消毒袋内进行消毒。

【应用注意】本品对人、畜有一定的毒性，应避免接触。贮存或消毒时禁止有火源，应将 1 份环氯乙烷和 9 份二氧化碳的混合物贮于高压钢瓶中备用。

水杨酸苯酯（萨罗）

【性状】本品为白色结晶性粉末，易溶于水。

【作用与用途】本品本身无消毒防腐作用，内服到达肠道的碱性环境后，可分解成苯酚和水杨酸，而起防腐消毒作用。部分由尿道排出，防腐消毒作用较弱。

【用法与用量】内服量：马、牛 15～25 克/次，猪、羊 2～10 克/次，犬 0.1～1 克/次。外用粉末或酒精溶液治疗溃疡和瘘管。

水杨酰苯胺

【性状】本品为白色或略带粉红色结晶。微溶于水，易溶于乙醇、苯、氯仿等。

【作用与用途】本品有抗真菌作用。单用或与十一烯酸等配成各种制剂，治疗各种癣病。

【用法与用量】4.5%～5% 软膏外用涂擦，浓度超过 5% 时，对皮肤有刺激作用。

月苄三甲氯铵（消毒优）

【性状】本品为氯化三甲基烷基苄基铵的混合物，在常温下为黄色胶状体，几乎无臭，味苦。本品在水或乙醇中易溶，在非极性有机溶剂中不溶。

【作用与用途】本品具有较好的杀灭细菌及病毒的作用，可用于畜舍及其饲养器具的消毒。

【制剂、用法与用量】将本品用水按1：300倍稀释后，用喷洒法消毒地面和墙壁。用水按1：1 000～1：1 500倍稀释，可浸泡、洗涤饲养器具进行消毒。

月苄三甲氯铵溶液含烃铵盐9.3%～10.7%。为无色或淡黄色的澄明液体。

【应用注意】本品禁止与肥皂、酚类、酸类、碘化物等消毒防腐药混合使用。

辛氨乙甘酸溶液（菌毒清）

【性状】本品为黄色澄明液体，有轻微臭味，味微苦，强力振摇则产生多量泡沫。

【作用与用途】本品为新型消毒防腐药，对细菌、病毒都有较强的杀灭作用。可用于畜舍、场地、器械、种蛋和手的消毒。

【用法与用量】1：100至1：200倍稀释液，用于喷洒畜舍、场地进行消毒，也可用于浸洗器械。1：1 000倍稀释液用于手的消毒。

【应用注意】本品忌与其他消毒剂合用。不宜用于粪便、污秽物及污水的消毒。

苯甲酸钠（安息香酸钠）

【性状】本品为白色的颗粒或结晶性粉末，无臭或微带安息香的气味，味微甜而有收敛性，在空气中稳定，易溶于水。

【作用与用途】本品是一种酸性防腐剂。在氢离子浓度高（pH值低）的条件下，对大多数的微生物有抑制作用，但对产酸菌作用弱。

【用法与用量】在饲料中的添加量不超过0.2%。

山梨酸

【性状】为白色结晶或结晶性粉末，无臭或稍带刺激性臭味，微溶于水，易溶于热水与乙醇。

【作用与用途】可抑制霉菌生长，抑菌的最适氢离子浓度为3.163～1 000微摩/升（pH值3～5.5）。用作饲料、食品及药剂的防霉保存剂。本品不改变饲料的气味。

【用法与用量】在饲料中的添加量为0.05%～0.15%。

山梨酸钾

【性状】本品为无色或白色的鳞片状结晶或结晶性粉末，无臭或稍有臭气，在空气中不稳定，能被氧化着色，有吸湿性，易溶于水。

【作用与用途】本品抑制霉菌的作用有选择性，可抑制有害霉菌的生长，对有益微生物的生长却无影响。

【用法与用量】饲料添加量为0.05%～0.3%。

丙酸钙

【性状】本品为近白色或淡黄色粉末或微粒，易溶于水，有丙酸特异的气味。

【作用与用途】本品为饲料防霉添加剂，可抑制霉菌、细菌及酵母菌的生长，并可作饲料钙补充剂。

【用法与用量】均匀混入饲料中，每吨饲料添加3～7千克。

丙酸钠

【性状】本品为白色粉末或结晶颗粒，流动性好，易溶于水，微溶于乙醇，无臭或稍有特异丙酸钠气味。

【作用与用途、用法与用量】同丙酸钙。

四、外周神经系统药物

（一）拟胆碱药

拟胆碱药是一类作用与胆碱能神经递质——乙酰胆碱相似的药物。按作用原理可分为两大类。

直接作用于胆碱受体的药物：本类药物又可分为两种：①完全拟胆碱药。既作用于节后胆碱能神经所支配的效应器内胆碱受体（即 M 胆碱受体），也作用于神经节和骨骼肌的胆碱受体（即 N 胆碱受体）。当 M 胆碱受体兴奋时，表现为内脏平滑肌兴奋、括约肌松弛、心脏抑制、血管扩张和腺体分泌等；当 N 胆碱受体兴奋时，表现为骨骼肌收缩、神经节兴奋等。②M 型拟胆碱药，也称节后拟胆碱药。作用部位主要在节后胆碱能神经所支配的效应器内的胆碱受体，表现为 M 胆碱受体兴奋时的效应。

胆碱酯酶抑制药（抗胆碱酯酶药）：不直接作用于胆碱受体，而是通过抑制胆碱酯酶，使胆碱能神经末梢所释放的乙酰胆碱少受破坏，积聚的乙酰胆碱可发挥拟胆碱作用，即 M 及 N 样作用。这类药物也可分为两种：①易逆性抗胆碱酯酶药。抑制胆碱酯酶作用经一定时间易于恢复。②难逆性抗胆碱酯酶药。抑制胆碱酯酶作用持久，如治疗不及时，酶的活性难以恢复。

氯化氨甲酰胆碱（氯化碳酰胆碱）

【性状】本品为白色结晶，无臭或微有脂肪胺臭味，有吸湿性，易溶于水，略溶于乙醇。

【作用与用途】能直接兴奋 M 和 N 胆碱受体。临床上主要用于治疗胃肠弛缓、肠便秘、瘤胃积食、前胃弛缓、膀胱积尿、分娩时与分娩后子宫弛缓、胎衣不下、子宫蓄脓等疾病。

【制剂、用法与用量】

注射液：每支1毫升：0.25毫克，5毫升：1.25毫克。皮下注射用量：马、牛12毫克/次，羊、猪0.25～0.5毫克/次，犬0.025～0.1毫克/次。治疗前胃弛缓用量：牛0.4～0.6毫克/次，羊0.2～0.3毫克/次。

【应用注意】本品不可作肌肉或静脉注射，中毒时可用阿托品解救。年老、瘦弱、妊娠、患有心、肺疾病的家畜及肠管完全阻塞的肠便秘患畜禁用本品。

硝酸毛果芸香碱（硝酸匹罗卡品）

【性状】本品为无色结晶或白色有光泽的结晶性粉末，无臭，味苦，遇光易变质，易溶于水。

【作用与用途】本品能直接兴奋M样胆碱受体。本品适用于治疗不全阻塞的肠便秘、前胃弛缓、瘤胃麻痹、猪食道梗塞等。0.5%～2%溶液可用作缩瞳剂治疗虹膜炎和青光眼。

【制剂、用法与用量】

注射液：每支1毫升：30毫克，5毫升：150毫克。皮下注射用量：马、牛30～300毫克/次，羊、猪5～50毫克/次，犬3～20毫克/次。牛用于兴奋反刍的用量40～60毫克/次。

滴眼剂：含量0.5%～2%。

【应用注意】①治疗马肠便秘时，用药前应大量灌水、补液，并注射安钠咖等强心剂。本品易引起呼吸困难与肺水肿，用药后应保持安静，加强护理。②年老、瘦弱、妊娠、心肺疾患家畜禁用。完全阻塞的肠便秘病马禁用。③本品过量易中毒，中毒时可用阿托品解毒。

氯化氨甲酰甲胆碱（比赛可灵）

【性状】本品为白色结晶，微带氨臭味，易潮解，易溶于水，溶于乙醇。

【作用与用途】同氯化氨甲酰胆碱。本品主要优点是毒性低于氯化氨甲酰胆碱。

【制剂、用法与用量】

注射液：每支1毫升：2.5毫克、5毫克，10毫升：20毫克。皮下注射用量：马、牛、羊、猪每次0.05~0.1毫克/千克体重，犬、猫每次0.25~0.5毫克/千克体重。

（二）抗胆碱药

抗胆碱药能与胆碱受体结合，而本身不产生或较少产生拟胆碱作用，却能妨碍胆碱能神经递质或拟胆碱药与受体的结合，从而产生抗胆碱作用。按其对M胆碱受体或N胆碱受体选择性的不同，可分为M胆碱受体阻断药和N胆碱受体阻断药。

1. N胆碱受体阻断药

N胆碱受体分为N_1（分布在神经节细胞膜）和N_2（分布在骨骼肌细胞膜）两类。N_1胆碱受体阻断药即神经节阻断药，兽医临床上很少使用，故从略。N_2受体阻断药即骨骼肌松弛药。

骨骼肌松弛药（简称肌松药）能作用于骨骼肌的神经肌肉接点（运动终板）上的N_2胆碱受体，阻断神经冲动正常传递到肌肉，因而肌肉张力下降，表现为骨骼肌松弛。可用于捕获猎物、保定动物及配合较浅麻醉进行手术。根据作用方式和特点，肌松药分为非去极化型与去极化型两类。

非去极化型肌松药又称竞争型肌松药（如筒箭毒碱），能与运动终板上的N_2胆碱受体结合，而本身并不激动受体，从而竞争性地阻断了乙酰胆碱的去极化作用，使骨骼肌松弛。

这种作用可被抗胆碱酯酶药（如新斯的明）所拮抗，使得乙酰胆碱的分解减慢，在受体部位堆积，有效地与筒箭毒碱竞争受体。

去极化型肌松药（如琥珀胆碱）能与运动终板上的N_2胆碱受体结合，产生与乙酰胆碱相似但较为持久的去极化作用，使终板不能对乙酰胆碱起反应，骨骼肌因而松弛。其特点是由于最初的去极化，肌肉松弛之前先出现短时的肌束颤动，而且抗胆碱酯酶药不仅不能拮抗此类药物的肌松作用，反而还会加强。

非去极化型肌松药

氯化筒箭毒碱（右旋筒箭毒）(Tubocurarine Chloride)

【性状】本品为白色或黄白色至灰白色结晶性粉末，无臭，溶于水，略溶于乙醇。

【作用与用途】本品可用作犬、猪、羔羊及犊牛的肌肉松弛药。但由于来源有限，安全范围小，因而应用受到限制。新斯的明是本品的有效对抗药（静脉注射：各种家畜 0.022 毫克/千克体重）。

【制剂、用法与用量】

注射液：每支 1 毫升：10 毫克，1.5 毫升：15 毫克。静脉注射用量：犊牛、羔羊每次 0.05～0.06 毫克/千克体重，猪每次 0.2～0.3 毫克/千克体重，犬每次 0.4～0.5 毫克/千克体重，猫每次 0.4 毫克/千克体重，兔每次 0.2 毫克/千克体重。

去极化型肌松药

氯化琥珀胆碱（司可林）(Suxamethonium Chloride)

【性状】本品为白色或近白色结晶性粉末，无臭，味咸，有吸湿性。易溶于水，微溶于乙醇。

【作用与用途】本品作用快，消失快，持续时间短。在临床上本品可用作麻醉辅助药，但目前主要用作肌松性保定药（多用于鹿）。

【制剂、用法与用量】

注射液：每支 2 毫升：50 毫克或 100 毫克。

粉针剂：每支 100 毫克。临用时用蒸馏水溶解。

静脉注射用量：马每次 0.07～0.2 毫克/千克体重，牛、羊每次 0.01～0.016 毫克/千克体重，猪每次 2 毫克/千克体重，犬、猫每次 0.06～0.11 毫克/千克体重，猴每次 1～2 毫克/千克体重。肌肉注射用量：马、牛、羊、猪、犬、猫的用量同静脉注射量，梅花鹿、马鹿每次0.08～0.12毫克/千克体重，水鹿每次0.04～0.06毫克/千克体重。

【应用注意】在用药过程中如发现呼吸抑制或停止时，应立即拉出舌头，用氨水刺激鼻腔，注射尼可刹米，输氧，同时进行人工呼吸。心脏衰弱时立即注射安钠咖，严重者可应用肾上腺素。新斯的明等对本品无拮抗作用，反而能增强毒性，故忌用。

2. M胆碱受体阻断药

硫酸阿托品

【性状】本品为白色结晶性粉末，无臭，味很苦，易溶于水与乙醇，有风化性，遇光易变质。

【作用与用途】本品临床上主要用于：①解痉：治疗支气管痉挛和肠痉挛，可与氨茶碱及杜冷丁配合使用。②解毒：能有效地解除有机磷制剂中毒、毛果芸香碱中毒等，迅速缓解M样中毒症状。解除有机磷中毒可配合碘解磷啶等胆碱酯酶复活剂使用。此外，还可用以解除锑剂中毒引起的心动徐缓和传导阻滞。③麻醉前给药：可防止吸入性麻醉剂引起的支气管腺分泌过多。④扩大瞳孔：点眼治疗虹膜炎、周期性眼炎，防止虹膜与晶状体黏连，或作眼底检查时扩瞳。⑤抢救感染中毒性休克：用于休克血管痉挛期，改善微循环。

【制剂、用法与用量】

注射液：每支1毫升∶5毫克，5毫升∶25毫克、50毫克。肌肉、皮下或静脉注射用量：（麻醉前给药）马、牛、羊、猪、犬、猫每次0.02～0.05毫克/千克体重。（解除有机磷中毒）马、牛、羊、猪每次0.5～1毫克/千克体重，犬、猫每次0.1～0.16毫克/千克体重。

片剂：每片0.3毫克。内服量：犬、猫每次0.02～0.04毫克/千克体重。

滴眼剂：0.5%～1%溶液。

【应用注意】①用于治疗消化道疾病时，易发生肠臌胀、便秘等，尤其是当胃肠过度充盈或饲料强烈发酵时，可能造成全胃肠过度扩张甚至胃肠破裂。②各种家畜对阿托品的感受性不同，一般是草食兽比肉食兽敏感性低。典型的中毒症状是：口腔干燥，脉搏及呼吸数增加，瞳孔散大，兴奋不安，肌肉震颤，进而体温下降，昏迷，感觉与运动麻痹，呼吸浅表，排尿困难，最后因窒息而死。中毒的解救主要是对症处置，如随时导尿，防止肠膨胀，维护心脏机能等。中枢神经兴奋时可用小剂量苯巴比妥钠、水合氯醛等缓解。新斯的明、毒扁豆碱或毛果芸香碱可解救阿托品中毒。

颠茄酊

【性状】本品为棕红色或棕绿色液体，主要成分是莨菪碱，所含生物碱以莨菪碱计算，应为0.03%。

【作用与用途】本品作用同阿托品，但较弱。主要用于缓解胃肠平滑肌痉挛，或治疗胃酸分泌过多。

【用法与用量】内服量：马10~30毫升/次，牛20~40毫升/次，羊、猪2~5毫升/次，犬0.1~1毫升/次。

（三）拟肾上腺素药

拟肾上腺素药是一类化学结构与肾上腺素相似的胺类药物，其作用与交感神经兴奋的效应相似，故又称拟交感胺。交感神经节后纤维属肾上腺素能神经，其递质是去甲肾上腺素和少量肾上腺素，当递质与效应器细胞膜上的肾上腺素受体结合时，可产生心脏兴奋、血管收缩、支气管和胃肠道平滑肌松弛、瞳孔散大等效应。肾上腺素受体根据其对拟肾上腺素药及抗肾上腺素药反应的不同，可分为A受体和B受体。A受体兴奋时产生A型作用，主要表现为皮肤、黏膜血管收缩，腹腔内脏血管也收缩，瞳孔扩大。B受体兴奋时产生B型作用，主要表现为心脏兴奋，冠状血管和骨骼肌血管扩张，肝糖原和脂肪分解增加等。

根据拟肾上腺素药对受体类型选择上的差别，将其分为3类。即作用于A和B受体的药物、作用于A受体的药物、作用于B受体的药物。

1. 作用于A和B受体的药物

肾上腺素（副肾素）

【性状】本品为白色或淡棕色轻质的结晶性粉末，无臭，味稍苦，难溶于水及乙醇。加稀盐酸时，容易形成水溶性盐，即盐酸肾上腺素。其水溶液与日光或空气接触，易分解变为红色。贮藏时，应特别注意避光及避免与空气接触。

【作用与用途】本品对A和B受体都有激活作用。其用途主要有：①抢救心脏骤停。②抢救过敏性休克。③与局部麻醉药合用，可延长局麻时间。④局部止血。

【制剂、用法与用量】

盐酸肾上腺素注射液：每支1毫升：1毫克，5毫升：5毫克。皮下或肌肉注射用量：马、牛2~5毫克/次，羊、猪0.2~1毫克/次，犬0.1~0.5毫克/次，猫0.1~0.2毫克/次。用于急救时，可用生理盐水或葡萄糖液将注射液稀释10倍后，作静脉注射（必要时，可作心内注射），其用量：马、牛1~3毫克/次，羊、猪0.2~0.6毫克/次，犬0.1~0.3毫克/次，猫0.1~0.2毫克/次。

【应用注意】本品禁止与洋地黄、氯化钙配伍。因为肾上腺素能增加心肌兴奋性，两药配伍可使心肌极度兴奋而转为抑制，甚至造成心跳停止。

盐酸麻黄碱

【性状】本品为白色微细结晶或结晶性粉末，无臭，味苦，易溶于水，溶于乙醇。

【作用与用途】本品具有对A和B受体的兴奋作用。内服或注射均可出现与肾上腺素相似的作用。其主要用途有：①治疗支气管喘息。②解救吗啡、巴比妥类麻醉药中毒。③消除黏膜充血。

【制剂、用法与用量】

片剂：每片25毫克。内服量：马、牛50~500毫克/次，羊20~100毫克/次，猪20~50毫克/次，犬10~30毫克/次，猫2~5毫克/次，1日2次。

注射液：每支1毫升：30毫克，5毫升：150毫克。皮下注射用量：马、牛50~300毫克/次，羊、猪20~50毫克/次，犬10~30毫克/次。

2. 主要作用于B受体的药物

盐酸异丙肾上腺素（喘息定，治喘灵）

【性状】本品为白色结晶性粉末，无臭，味苦，易溶于水。

【作用与用途】本品为B受体兴奋剂，对A受体几乎无作用。能增强心肌收缩力，其加速心脏传导、加快心率的作用比肾上腺素强。能增加心肌耗氧量，能扩张骨骼肌血管，轻度扩张肾和肠系膜动脉，降低外周血管阻力。其主要用途有：①抗休克。②抢救心跳骤停。③治疗高度房室传导阻滞、心动徐缓。④治疗支气管痉挛所致的喘息。

【制剂、用法与用量】

注射液：每支2毫升：1毫克。皮下或肌肉注射用量：犬、猫0.1~0.2毫克/次，每6小时1次。静脉滴注用量：马、牛1~4毫克/次，羊、猪0.2~0.4毫克/次，混入5%葡萄糖液500毫升中缓慢注入；犬、猫1毫克/次，加入5%葡萄糖中滴注，直至发挥疗效。

【应用注意】用于抗休克时，应先补充血容量（输液），因为血容量不足时，本品可致血压下降而发生危险。

3. 主要作用于A受体的药物

重酒石酸去甲肾上腺素（正肾上腺素）

【性状】本品为白色至灰白色结晶性粉末，无臭，味苦，易溶于水，微溶于乙醇。

【作用与用途】本品主要兴奋A受体，对B受体兴奋作用很弱。临床上作为升压药，用于各种休克。

【药物相互作用】①与洋地黄毒苷同用，易致心律失常。②与催产素、麦角新碱等合用，可增强血管收缩，导致高血压或外周组织缺血。

【制剂、用法与用量】

注射液：每支1毫升:2毫克，2毫升:10毫克。静脉滴注用量：马、牛8~12毫克/次，羊、猪2~4毫克/次。临用时在100毫升5%葡萄糖液中加入本品0.4~0.8毫克，即稀释成每毫升4~8微克。羊、猪按每分钟2毫升速度滴注，大家畜可酌情加快。

【应用注意】①本品剂量不宜过大。②静脉滴注时应严防药液外漏，避免引起局部组织坏死。本品不宜皮下或肌肉注射。出血性休克禁用。③大剂量可引起高血压、心律失常。

（四）抗肾上腺素药

抗肾上腺素药，能在受体水平上拮抗肾上腺素能神经递质，或拮抗拟肾上腺素药的作用。按照对A和B两种肾上腺素受体的选择性不同，可分为两类：一是A受体阻断药。能选择性地与A受体结合，而本身不产生拟肾上腺素作用，却能妨碍肾上腺素能神经递质及拟肾上腺素药与A受体的结合，从而产生抗肾上腺素作用。由于其阻断了与血管收缩有关的A受体，留下与血管舒张有关的B受体不受影响，而使血管舒张作用得以充分表现出来，使肾上腺素的升压效应翻转为降压效应，称为肾上腺素作用的翻转。对于主要作用于血管A受体的去甲肾上腺素，A受体阻断药只能取消或减弱其升压效应，而无“翻转作用”。对于主要作用于B受体的异丙肾上腺素的降压作用则并无影响，如酚苄明、酚妥拉明即属于此类。二是 B 受体阻断药。对 B 受体有高度选择性阻断作用，与肾上腺素能递质或拟肾上腺素药竞争 B 受体，从而拮抗其 B 型作用，心得安即属于此类药物。

（五）传入神经药

刺激药是对感觉神经末梢具有选择性刺激作用的一类药物。当刺激药与皮肤接触后，可加强局部的血液循环和改善局部营养，促进慢性炎产物的吸收，因而加速局部病变的消散。故刺激药主要用于治疗四肢的各种慢性炎症，如慢性变形性骨关节炎、慢性关节周围炎、慢性屈腱炎等。在适宜剂量下，刺激药对皮肤和黏膜仅引起充血发红，如果药物的浓度过高，或与局部接触的时间过长，则可引起更进一步的炎性反应，形成水疱甚至溃烂坏死。所以在用药时应注意药物的浓度和作用时间等。

松节油

【性状】本品为无色或淡黄色澄清液体，有特殊气味，不溶于水，易溶于乙醇，能与油类任意混合。贮存日久或久置空气中，臭气增强。应置遮光容器内，密封在阴凉处保存。

【作用与用途】本品外用为刺激药。利用松节油的刺激作用，常用于治疗四肢的各种慢性炎症、肠膨胀、胃肠弛缓等。一般多制成水剂或植物油混合内服。

【制剂、用法与用量】

内服量：马 15～40 毫升/次，牛 20～60 毫升/次，羊、猪 2～6 毫升/次，加 5 倍量石蜡油或植物油稀释后服用。

四三一擦剂：由樟脑酒精 4 份、氨擦剂 3 份、松节油 1 份混合制成。临用前用力振摇均匀，然后用刷子涂擦于患部。

松节油擦剂：松节油 65 毫升、樟脑 5 克、软皂 7.5 克，加水至 100 毫升制成。外用涂擦局部炎症。

【应用注意】本品刺激性强，禁用于急性胃肠炎、肾炎等病畜。宰前家畜、泌乳家畜禁用。马、犬对松节油极敏感易发泡。

氨溶液（氢氧化铵）

【性状】10%稀氨溶液，为无色澄清液体，有刺激性特臭。另有浓氨溶液，含量25%～28%，有强烈刺激性特臭。易挥发，均显碱性反应。能与乙醇任意混合。应在30℃以下密封保存。浓氨水用时必须稀释。

【作用与用途】外用刺激药。常配合松节油或植物油制成擦剂，治疗各种慢性炎症。也可用作手指消毒药。外用作酸中和药，治疗某些昆虫（蜂、蝎）螫伤，可用稀氨溶液涂擦局部。

【制剂、用法与用量】

稀氨溶液：手指消毒，每次用本品25毫升，加温开水5升稀释后使用。

氨擦剂：稀氨溶液25份、植物油75份混合制成。外用涂擦局部。

斑蝥

为芫菁科昆虫—南方大斑蝥和黄黑小斑蝥的干燥虫体。有效成分为单萜类物质斑蝥素（Cantharidin），成虫含量约1%。

【作用与用途】斑蝥素有强烈刺激作用，其软膏涂于皮肤上，极易引起发疱，其作用浅表，炎症不会深入皮下组织。可作为刺激剂，治疗肌、腱、关节等慢性炎症。

【制剂、用法与用量】

强发疱膏（斑蝥软膏）：斑蝥10克、橄榄油90毫升、黄腊70克、松节油30毫升制成。外用涂擦。

【应用注意】如用量过大而被吸收或被家畜舔食，可呈现毒性反应，表现为急性肾炎、胃肠炎、中枢兴奋等；排泄时刺激尿道，引起排尿困难；雄性家畜有竖阳表现。

薄荷脑（薄荷醇）

【性状】本品为无色披针结晶，有强烈的薄荷香气，味芳香清凉，微溶于水，易溶于乙醇、液体石蜡、甘油。

【作用与用途】本品有局部消炎、止痛、抗菌作用。将本品溶于液体石蜡，注入气管内，可治疗喉头炎、气管炎、支气管炎等。内服有健胃、止酵及解痉、驱风、镇痛之功效。

【制剂、用法与用量】

内服量：马 0.2 ~2 克/次，牛 0.3 ~4 克/次，羊 0.2 ~1 克/次，犬 0.1 ~0.2 克/次。

5% 薄荷脑液体石蜡注射液：治疗支气管炎。气管内注射用量：马、牛 10 ~15 毫升/次，羊、猪 2 ~3 毫升/次，犬 0.1 ~1 毫升/次。第一、二日每日 1 次，以后隔日 1 次，4 次为一疗程。

五、呼吸系统药物

根据药物作用特点及临床应用的不同，呼吸系统药物可分为祛痰药、镇咳药和平喘药。

（一）祛痰药

凡能促进呼吸道内积痰排出的药物，均称为祛痰药。

氯化铵

【性状】本品为无色或白色结晶性粉末，无臭。味咸凉，遇热即升华挥散。易溶于水，难溶于酒精。密封干燥处保存。

【作用与用途】本品常用于支气管炎初期，特别是对黏膜干燥、痰稠不易咳出的咳嗽。可单用或配合茴香末制成舔剂或丸剂服用。

吸收后的氯化铵在体内可分解为铵离子和氯离子，铵离子在肝脏内合成尿素，由肾脏排出时带走部分水分；同时，氯离子由肾排泄时，由于在肾小管内浓度的增高，也要带走大量的阳离子（主要是钠离子）和水，从而呈现利尿作用。可用于心性水肿或肝性水肿。

【制剂、用法与用量】

片剂：每片 0.3 克。内服量：马 8 ~ 15 克/次，牛 10 ~ 25 克/次，羊、猪 1 ~ 5 克/次，犬 0.2 ~ 1 克/次，猫、水貂 0.05 ~ 0.1 克/次。

【应用注意】对于肝、肾功能异常的患畜，应慎用或禁用。本品忌与碱性药物如碳酸氢钠配合应用，也忌与磺胺类药物并用。

碳酸铵

【性状】本品为白色半透明结晶性硬块，有强烈氨臭味。遮光密封保存。

【作用与用途】本品作为祛痰剂，作用与氯化铵相似，但效力较弱，在体内不易引起酸血症。

【用法与用量】

内服量：马、牛10~30克/次，羊、猪2~3克/次，犬0.2~0.5克/次。1日2~3次。

碘化钾

【性状】本品为白色结晶或白色颗粒状粉末，有潮解性，易溶于水，呈中性反应，能溶于12倍的乙醇。

【作用与用途】本品刺激性较强，适用于慢性支气管炎等。此外，还可用于马流行性淋巴管炎、角膜炎、牛放线菌病等的治疗。

【用法与用量】

内服量：马、牛5~10克/次，羊、猪1~3克/次，犬0.2~1克/次。静脉注射用量：马、牛每次0.01克/千克体重。配成5%~10%注射液。

（二）镇咳药

镇咳药是能抑制咳嗽中枢或抑制咳嗽反射弧中其他环节，从而能减轻或制止咳嗽的药物。

喷托维林（咳必清，维静宁，托可拉斯）

【性状】本品为白色结晶性粉末。无臭，味苦，有吸湿性，易溶于水，水溶液呈弱酸性。应密封保存于干燥处。

【作用与用途】本品为非成瘾性镇咳药，镇咳作用比可待因弱。临床上主要用于治疗急性呼吸道炎症引起的干咳，也常与祛痰药配合用于伴有剧咳的呼吸道炎症。对多痰性咳嗽，不宜单用咳必清止咳。

【制剂、用法与用量】

片剂：每片25毫克。内服量：马、牛0.5～1克/次，羊、猪0.05～0.1克/次。1日3次。

复方咳必清糖浆：每100毫升含咳必清0.2克、氯化铵3克、薄荷油0.008毫升。内服量：马、牛100～150毫升/次，猪、羊20～30毫升/次。1日3次。

【注意事项】心功能不全，伴有肺淤血患畜忌用。

平喘药

平喘药是具有解除支气管平滑肌痉挛，扩张支气管，达到缓解喘息作用的药物。用于辅助治疗，以减轻或解除喘息的症状。

麻黄碱（麻黄素）

【性状】常用其盐酸盐，为白色针状结晶或结晶性粉末；无臭，味苦。易溶于水，溶于乙醇，不溶于氯仿和乙醚。

【作用与用途】药理作用与肾上腺素相似，作用于肾上腺素能神经受体，有松弛平滑肌作用，但作用较持久，对心血管的副作用较缓和。可用于支气管痉挛引起的支气管哮喘；也常与祛痰药配合，可用于急性或慢性支气管炎，以减轻支气管痉挛和咳嗽。治疗各种原因引起的鼻黏膜充血，肿胀引起的鼻塞。

【制剂、用法与用量】

盐酸麻黄碱片：每片25毫克。

内服量：马、牛0.05～0.5克/次，猪0.02～0.3克/次，羊0.02～0.1克/次。

盐酸麻黄碱注射液：30毫克/毫升、50毫克/毫升。皮下注射量：马、牛0.05～0.5克/次，猪、羊0.02～0.05克/次，犬0.01～0.03克/次。

【注意事项】本品对中枢有兴奋作用，用量过大，易使家畜躁动不安，甚至发生惊厥。连续用药易产生耐受性，作用迅速减弱或完全消失。

六、泌尿系统药物

（一）利尿药

利尿药是主要作用于肾脏，能增加尿量、消除水肿的药物。利尿药可促进钠离子从尿中排出，从而减轻和消除水肿。

氢氯噻嗪（双氢克尿塞）

【性状】本品为白色结晶性粉末，有特异微臭，微溶于水，在热酒精、丙酮中溶解。应密闭保存。

【作用与用途】本品为常用的利尿药。适用于心性、肝性及肾性等各种水肿，对乳房浮肿，胸、腹部炎性肿胀及创伤性肿胀，可作为辅助治疗药。本品还有降压作用，并能增强其他降压药的降压作用。

【制剂、用法与用量】

片剂：每片25毫克、250毫克。

内服量：马、牛每次1~2克/千克体重，羊、猪每次2~3克/千克体重，犬、猫每次3~4毫克/千克体重。

注射液：每支5毫升：125毫克，10毫升：250毫克。静脉或肌肉注射用量：马50~150毫克/次，牛100~250毫克/次，羊、猪50~75毫克/次，犬10~25毫克/次。

【应用注意】长期应用易产生低血钾及低血氯症。本品忌与洋地黄配合使用。

呋塞米（呋喃苯胺酸，速尿）

【性状】本品为白色粉末，无臭，无味，不溶于水，溶于乙醇。

【作用与用途】本品为强利尿剂。此外，还有降低肾血管阻力，增加肾血流量和降压作用。适用于各种原因引起的水肿，并可促进尿道上部结石的排出。也可用于预防急性肾功能衰竭，多用于对其他利尿药无效的严重水肿者，一般不宜常规使用。

【制剂、用法与用量】

片剂：每片20毫克、40毫克。

内服量：马、牛、羊、猪每次2毫克/千克体重，犬、猫每次2.5毫克/千克体重。1日1~2次，连用2~3日。

注射液：每支2毫升∶20毫克，10毫升∶100毫克。肌肉或静脉注射用量：马、牛、羊、猪每次0.5~1毫克/千克体重（或日量0.25~0.5克），犬、猫每次1~5毫克/千克体重。1日1~2次。

【应用注意】应用呋塞米时，应间歇给药，开始小剂量，防止利尿过多。长期用药，应与氯化钾或保钾利尿药（氨苯蝶啶）合用。大剂量静脉注射速度过快时，可引起听力障碍。

（二）脱水药

脱水药多属于在体内不被代谢或不易代谢，而以原形经肾排泄的一些低分子药物。静脉注射后，能通过渗透压作用，引起组织脱水和增加尿量，由于本类药物不能明显地增加钠离子的排出量，故一般不作为利尿药来消除全身水肿，主要利用其脱水作用，以降低脑、眼内压。

甘露醇

【性状】本品为白色结晶性粉末，无臭，味甜，能溶于水，微溶于乙醇，5.07%水溶液为等渗溶液。

【作用与用途】本品为渗透性利尿药。静脉注射后，主要在血液中迅速形成高渗压，不为肾小管再吸收，大部分无变化，经肾脏排出体外，产生脱水及利尿作用。用于治疗脑水肿，也可用于脊髓外伤性水肿、其他组织水肿。某些眼科手术前、后也可应用，并可防治急性肾功能衰竭及用于休克抢救等。

【制剂、用法与用量】

注射液：20%甘露醇，每瓶100毫升、250毫升。应保存于20～30℃室温下，天冷时易析出结晶，但可用热水（80℃）加温振摇溶解后再用。静脉注射用量：马、牛1 000～2 000毫升/次，羊、猪100～250毫升/次。

【应用注意】心功能不全或心性水肿的患畜不宜应用。不能与高渗盐水配合应用。

山梨醇

【性状】本品为白色结晶性粉末，无臭，略有甜味，易溶于水。5.48%水溶液为等渗溶液，常制成25%注射液应用。

【作用与用途】本品为甘露醇的同分异构体，其作用、用途均与甘露醇基本相同。但此药注入体内后，被转化为糖原的量较甘露醇为多，故疗效较弱。山梨醇溶解度大，价格比较便宜，故临床上常用。其注射液（25%）静脉注射用量同甘露醇注射液。

七、生殖系统药物

（一）子宫收缩药

子宫收缩药为选择性地兴奋子宫平滑肌的一类药物，临床上主要用作催产剂和子宫止血剂。

垂体后叶素

【性状】本品为白色粉末，能溶于水。性质不稳定，应避光放阴凉处保存。

【作用与用途】本品是由猪、牛脑垂体后叶中提取的水溶性成分，内含催产素和加压素（加压素又称抗利尿素）。催产素对子宫平滑肌有选择性作用，其作用强度取决于给药剂量和子宫的生理状态。对于非妊娠子宫，小剂量能加强子宫的节律性收缩；大剂量可引起子宫的强直性收缩。对妊娠子宫，在妊娠早期不敏感，妊娠后期敏感性逐渐加强，临产时作用最强，产后对子宫的作用又逐渐降低。本品适用于子宫颈口已开放，但宫缩乏力者，可肌肉注射小剂量催产；产后子宫出血时，注射大剂量，可迅速止血。还可治疗胎衣不下及排除死胎，加速子宫复原。对新分娩而缺乳的母畜，可作催乳剂。

【制剂、用法与用量】

本品内服无效。

注射液：1 毫升：10 单位，5 毫升：50 单位。有效期为一年半。皮下或肌肉注射用量：马、牛 30 ~ 100 单位/次，羊、猪 10 ~ 50 单位/次，犬 2 ~ 10 单位/次，猫 2 ~ 5 单位/次。治疗子宫出血时，用生理盐水或 5% 葡萄糖注射液 500 毫升稀释后，缓慢静脉滴注。

【应用注意】胎位不正、骨盆狭窄者忌用。

催产素（缩宫素）

【性状】本品为白色无定形粉末或结晶性粉末，能溶于水，水溶液呈酸性。

【作用与用途】本品对子宫收缩作用同垂体后叶素注射液。

【制剂、用法与用量】

注射液：5 毫升∶50 单位，1 毫升∶10 单位、0.5 单位。用量、用法同垂体后叶素注射液。

马来酸麦角新碱

【性状】本品为白色或类白色的结晶性粉末，无臭，微有吸湿性，遇光易变质。本品略溶于水和乙醇。

【作用与用途】本品与垂体后叶素比较，对子宫作用显著而持久，可直接兴奋整个子宫平滑肌（包括子宫颈）。稍大剂量时可使子宫产生强直性收缩。主要用于治疗产后子宫出血、产后子宫复原不全及胎衣不下等。

【制剂、用法与用量】

注射液：每支 1 毫升∶0.5 毫克、0.2 毫克，2 毫升∶1 毫克，10 毫升∶5 毫克。肌肉或静脉注射用量：马、牛 5 ~ 15 毫克/次，羊、猪 0.5 ~ 1 毫克/次，犬 0.1 ~ 0.5 毫克/次，猫 0.07 ~ 0.2 毫克/次。

【应用注意】孕畜忌用，在临产时或已产状态但胎盘滞留在子宫尚未完全排出时禁用。该药与催产素不应合用。

（二）前列腺素

前列腺素为一类有生理活性的不饱和脂肪酸，广泛分布于机体各组织和体液中，从动物精液或猪、羊的羊水中提取。现已能人工合成，已有多种新类型的衍生物，对机体有广泛的生理、药理功能。但在畜牧业生产中，主要是利用其溶解黄体和兴奋子宫平滑肌的作用。

前列腺素 F2α

【性状】本品是从动物精液或猪、羊的羊水中提取的，目前多用人工合成品。本品为无色结晶，溶于水。

【作用与用途】本品对生殖、循环、呼吸系统具有广泛作用。兽医临床上，本品用于催产、引产和人工流产。

【制剂、用法与用量】

注射液：每支1毫升：1毫克、5毫克。用时以适量生理盐水稀释，肌肉注射或子宫内注入：马、牛6～20毫克/次，猪、羊3～8毫克/次。

前列腺素F2α缓血酸铵注射液：每瓶10毫升：50毫克，30毫升：150毫克。肌肉注射：牛25毫克/次（肉牛及分泌乳牛同期发情，泌乳母牛催情，子宫蓄脓可在24小时生效）；猪5～10毫克/次（24～48小时后催产，4～5日后发情）；马每次1毫克/45千克体重（休情期给药，大多数在2～4日内发情，给药后8～12日排卵）。

【应用注意】本品应避光，置冰箱中保存。用于缩宫时，注意剂量，防止宫缩过强而发生子宫破裂。给猪引产时，可见排粪次数略有增多，呼吸加快，并有轻微神经过敏表现。用于牛引产时易造成的胎衣不下。

氯前列醇

【性状】本品为前列腺素F2α的合成同系物，白色或类白色的非晶形粉末。其钠盐溶于水、乙醇及甲醇，不溶于丙酮。密封、避光于室温中保存。

【作用与用途】主要用于牛，引起黄体功能和形态的退化（黄体溶解），可促使非妊娠牛于用药后2～5日发情，而妊娠牛则可引起流产。

【制剂、用法与用量】

注射液（钠盐）：每瓶 10 毫升：2 500 毫克；20 毫升：5 000 毫克。肌肉注射：牛 500 微克/次（用药 4～5 日后可引产；可治疗子宫蓄脓、慢性子宫内膜炎、死胎、黄体囊肿；持久黄体时，用药后 72 小时及 96 小时可两次配种），猪 175 微克/次（用药后 36 小时引产），山羊、绵羊 62.5～125 微克/次（在怀孕期 144 日清晨引产，用药后 30～35 小时分娩）。

【应用注意】禁用于不需流产的怀孕牛。对服用非固醇类消失药的马及患急性或亚急性消化道和呼吸道疾病的马不宜应用。

氟前列醇

【性状】本品形状与氯前列醇相同。

【作用与用途】本品的作用与氯前列醇相同。主要用于马，有效控制母马和种公马，使之按计划在有效配种季节内发情和受孕。产后应用可终止哺乳期间的休情期，促使提早发情并配种。本品还可在胚胎早期死亡及再吸收后，诱发黄体溶解，使之不发生持久黄体性乏情和不孕症；终止未妊娠马经常发生持久间情期；终止假妊娠等。

【制剂、用法与用量】

注射液（钠盐）：每支 1 毫升：52.5 微克。肌肉注射：每次马 0.55 微克/千克体重，成年母马每次需 250 微克（5 毫升）。

【应用注意】不能用于不需流产的怀孕马，对服用非固醇类消失药的马及患急性或亚急性消化道和呼吸道疾病的马不宜应用。其他同氯前列醇。

（三）性激素与促性腺激素

性激素为性腺所分泌的甾体类激素，包括雌激素、孕激素和雄激素三类，临床上应用的制剂多为人工合成的代用品。促性腺激素包括垂体前叶促性腺激素、绒毛膜激素和孕马血清等，它们的作用是促使性腺生殖细胞的发育和分泌性激素。

1. 雌激素

雌激素又称动情激素，它由卵巢的成熟卵泡上皮所分泌。从卵巢卵泡液中提纯的雌激素称为雌二醇，从孕畜尿中提取的为雌醇和雌三醇，均为雌二醇的代谢产物。

苯甲酸雌二醇（苯甲酸求偶二醇）

【性状】本品为白色结晶性粉末，不溶于水，微溶于油。本品内服无效，必须肌肉注射，临床用其灭菌油溶液。

【作用与用途】本品作用机理与己烯雌酚相似，但较强。

【制剂、用法与用量】

注射液：每支 1 毫升∶1 毫克、2 毫克、5 毫克。肌肉注射用量每次：马 10～20 毫克，牛 5～20 毫克，猪 3～10 毫克，羊 1～3 毫克，犬 0.2～1.0 毫克，猫 0.2～0.5 毫克。

2. 孕激素

孕激素又称黄体激素，为卵泡排卵后形成的黄体所分泌。自妊娠第四个月开始，黄体萎缩，转由胎盘分泌。从黄体中分离出来的天然孕激素是黄体酮。目前临床上应用的孕激素制剂，多为人工合成的代用品。

黄体酮（孕酮）

【性状】本品为白色或微黄色结晶性粉末，不溶于水，在乙醇或植物油中溶解。应避光密封保存。

【作用与用途】主要作用于子宫内膜，能使雌激素所引起的增殖期转化为分泌期，为孕卵着床做好准备；并抑制子宫收缩，降低子宫对缩宫素的敏感性，有安胎作用。此外，与雌激素共同作用，可促使乳腺发育，为产后泌乳做准备。主要用于治疗习惯性流产、先兆性流产，或促使母畜周期发情，也用于治疗牛卵巢囊肿。

【制剂、用法与用量】

注射液：每支 1 毫升∶50 毫克、20 毫克、10 毫克。肌肉注射用量每次：马、牛 50～100 毫克，羊、猪 15～25 毫克，骆驼 1～2 克，犬、猫 2～5 毫克，貂 1～2 毫克。

复方黄体酮注射液：每毫升含黄体酮 20 毫克、苯甲酸雌二醇 2 毫克。用途、用量同黄体酮，疗效较好。

3. 促性腺激素

垂体促卵泡素（卵泡刺激素，FSH）

【性状】本品为白色或类白色的冻干块状物或粉末。应密封在冷暗处保存。

【作用与用途】本品主要作用是刺激卵泡的生长和发育。与少量促黄体素合用，可促使卵泡分泌雌激素，使母畜发情；与大剂量促黄体素合用，能促进卵泡成熟和排卵。促卵泡素能促进公畜精原细胞增生，在促黄体素的协同下，可促进精子的生成和成熟。

本品主要用于母畜卵巢停止发育、卵泡停止发育或两侧交替发育、多卵泡症及持久黄体等疾病的治疗。还可用于增强发情同期化以及提高公畜的精子密度。

【制剂、用法与用量】

粉针剂：每支 50 毫克。静脉、肌肉或皮下注射每次：马、牛10～50 毫克，羊、猪 5～25 毫克，犬 5～15 毫克。临用时用 5～10 毫升生理盐水溶解。

【应用注意】临床必须根据卵巢情况，决定用药剂量及次数。剂量过大，易引起卵巢囊肿或超数排卵。本品应密封、冻干保存，有效期 2 年。

垂体促黄体素（黄体生成素，LH）

【性状】本品为白色或类白色的冻干块状物或粉末。应密封在冷暗处保存。

【作用与用途】促黄体素是从猪脑下垂体前叶所提取。它在促卵泡素作用的基础上，可促进母畜卵泡成熟和排卵。卵泡在排卵后形成黄体，分泌黄体酮，具有早期安胎作用。还可作用于公畜睾丸间质细胞，促进睾丸酮的分泌，提高性欲，促进精子的形成。

促黄体素主要用于治疗成熟卵泡排卵障碍，卵巢囊肿、早期胚胎死亡、习惯性流产、不孕及公畜性欲减退、精液量少及隐睾症等。

【制剂、用法与用量】

粉针剂：每支25毫克。静脉或皮下注射每次：马、牛25毫克，羊2.5毫克，猪5毫克，犬1毫克。临用时用5毫升灭菌生理盐水溶解。可在1~4周内重复注射。

【应用注意】应用本品促进母马排卵时应作直肠检查，卵泡直径在2.5厘米以下时不能用本品。反复注射可导致抗体产生，降低药效。本品应严封冻干保存，有效期2年。

促性腺激素释放激素（戈那瑞林，GnRH，GRH）

促性腺激素释放激素是下丘脑神经细胞分泌的一种神经激素。目前已提纯了黄体生成素释放激素，并能人工合成，有醋酸盐和盐酸盐两种制剂。

【作用与用途】促性腺激素释放激素与垂体前叶促性腺激素分泌细胞的受体结合，促使其分泌垂体促黄体素（LH），同时也分泌少量垂体促卵泡素（FSH），从而促进卵泡的成熟和排卵。不但能促进排卵，还能增强精子的活力，改善精液的品质。本品的应用与垂体促黄体素相似，其特点是无种族特异性，不产生抗原抗体反应。

【用法与用量】肌肉或静脉注射用量：马、牛、羊每次5~10微克/千克体重。

绒促性腺素（绒毛膜促性腺激素，HCG）

【性状】本品为白色或类白色的冻干块状物或粉末，易溶于水，其溶液为无色或微黄色。应置遮光容器内在阴凉处保存，有效期为1年。

【作用与用途】本品的作用与垂体促黄体素相似。

八、麻醉药及其辅助药

（一）全身麻醉药

能使动物产生全身麻醉的药物称为全身麻醉药（简称全麻药）。它能使中枢神经系统产生广泛的抑制，暂时使机体的意识、感觉、反射活动和肌肉张力出现不同程度的减弱或完全丧失，但延髓生命中枢的功能仍然保持，造成适于外科手术的状态。

全身麻醉药按其理化性质和用药方法的不同，可分为吸入麻醉和非吸入麻醉。吸入麻醉是气体和低沸点的液体，由呼吸道吸入后，产生麻醉作用。使用吸入麻醉药易于控制动物的麻醉程度，但使用不方便，需要一定的仪器，而且在麻醉过程中，具有动物兴奋期长的缺点，国内兽医临床较少使用。非吸入麻醉药，一般由静脉注射给药，故常称为静脉麻醉药。药物进入血液后，难以迅速排出体外，因而比吸入麻醉药的危险性大，用法不当时，在麻醉过程中常导致动物死亡。但使用非吸入麻醉药不仅可避免或缩短动物兴奋期，而且使用方便，故兽医临床上较多采用。

全身麻醉药的麻醉作用在中枢神经按一定顺序显现，首先抑制大脑皮质，其次是皮质下中枢，越过延髓而抑制脊髓，麻醉的苏醒则按相反的顺序进行。由于这种顺序，使麻醉药对动物的麻醉表现一个由浅入深的连续过程。为了便于掌握麻醉的深度，得到满意的麻醉效果，防止死亡事故的发生，而人为地将麻醉过程分为四期：镇痛期、兴奋期又合称为诱导期；其后进入外科麻醉期，此期分为浅麻醉和深麻醉两个阶段，兽医临床上一般在浅麻醉期进行手术；如停止给药就转入恢复期，或继续给药，渐渐进入延髓麻痹期，终至呼吸麻痹而死。事实上，除乙醚的麻醉分期比较典型外，其他麻醉药多不典型。临床上往往联合几种全麻药或加用辅助药进行复合麻醉，因而更难以看到上述典型的分期，这种复合麻醉术的主要方式有：①麻醉前给药：在麻醉前预先给与其他药物，以减少麻醉药的副作用或增强麻醉效果。如用阿托品减少呼吸道黏膜的分泌，用氯丙嗪增强麻醉效果（强化麻醉）等。②诱导麻醉：为克服乙醚等麻醉药诱导期过长的缺点，采用起效迅速的硫喷妥钠静脉注射，迅速通过诱导期，在短时间内进入麻醉期，然后再用乙醚维持。③麻醉基础：先用一种麻醉药造成浅麻醉，作为基础，再用其他药物维持麻醉。④混合麻醉：把几种药物混合在一起，取长补短，增加麻醉强度，减低毒性，如水合氯醛硫酸镁注射液、水合氯醛酒精注射液。⑤配合麻醉：全身麻醉药配合局部麻醉药进行麻醉，如先用水合氯醛浅麻醉，再于手术部位作局部麻醉，这样可减少水合氯醛的用量与毒性。⑥合用肌肉松弛药：全麻药合用琥珀胆碱、箭毒等肌肉松弛药，可在浅麻状态下，获得满意的肌肉松弛效果，便于手术操作。

1. 吸入麻醉药

麻醉乙醚

【性状】本品为无色透明液体，挥发性强，极易燃烧，味甜而有刺激性的特殊气味，微溶于水，易与醇混合。密封于容器中保存。

【作用与用途】本品为比较安全的吸入麻醉药。麻醉过程缓慢，3～10 分钟产生麻醉。刺激性大，呼吸道分泌物多，但肌肉松弛效果好。主要用作中小家畜的全身麻醉药。

【制剂、用法与用量】

液体：每瓶 100 毫升、150 毫升、250 毫升。犬麻醉前皮下注射盐酸吗啡 5～10 毫升/千克体重、硫酸阿托品 0.1 毫克/千克体重，然后用麻醉口罩吸入乙醚，直至出现麻醉指征为止。猫、兔可置于麻醉箱中，吸入乙醚蒸气，或用麻醉口罩吸入。用于大白鼠、小白鼠、蛙类，将动物置于玻璃钟罩或烧杯中，将蘸有乙醚的棉球投入其中，让动物吸入。

【应用注意】①贮存与使用时应避开明火，以免燃烧或爆炸。②开瓶后温室下超过 24 小时或在冰箱内保存 3 日后禁用。③乙醚氧化变质不宜再用。简易检测法：将乙醚滴于滤纸上，待其挥发后，若留有浅黄色痕迹，即表示已变质。④在麻醉前使用阿托品可减少分泌。

2. 静脉麻醉药

水合氯醛

【性状】本品为无色透明或白色结晶，有刺激性特臭味，味微苦，在空气中逐渐挥发，易潮解。极易溶于水，易溶于乙醇、氯仿、乙醚。其水溶液呈中性反应，遇热、碱和日光能分解产生三氯醋酸和盐酸，因而酸度增高。配制注射剂时不可煮沸灭菌。

【作用与用途】随着剂量的增加，本品可产生镇静、催眠和麻醉作用，是良好的镇静催眠药。作为麻醉药具有吸收快、兴奋期短、麻醉期长（1~3 小时）、无蓄积作用和价廉等优点。但其麻醉力弱，安全范围小。本品虽不明显影响延髓中枢，但对呼吸有一定抑制作用，大剂量则抑制延髓的呼吸中枢和血管运动中枢，因而出现呼吸抑制、血压下降。用本品进行全麻时的一个重要缺点是苏醒期常延至数小时，因此临床上经常采用浅麻醉辅以局部麻醉进行手术。对水合氯醛麻醉效果较好的家畜是马，其次是犬、猪等，对反刍动物不如马效果好。对马也只适于做浅麻醉，若需加深麻醉时，可合用硫酸镁、杜冷丁等，或与局麻药配合。水合氯醛还可作为镇静药、镇痛药，用于马疝痛、破伤风、脑炎、膀胱痉挛、子宫脱出等。

【制剂、用法与用量】

注射液：静脉麻醉用量：马、牛每次 0.08 ~0.12 克/千克体重，水牛每次0.13～0.18克/千克体重，猪每次0.15～0.17克/千克体重，骆驼每次0.1～0.11克/千克体重，犬、猫每次0.08～0.1克/千克体重，兔每次0.05～0.075克/千克体重，鹿每次0.1克/千克体重，用生理盐水配成5%～10%溶液注入。内服或灌肠，用于镇静：马、牛10～25克/次，羊、猪2～4克/次，犬0.3～1克/次。用于催眠：马30～50克/次，牛20～30克/次，羊、猪5～10克/次，配成1%～5%浓度，加黏浆剂投服或灌肠，以免刺激黏膜。内服用于麻醉：犬、猫每次0.25克/千克体重，兔每次0.5克/千克体重，可配成10%溶液投服。

水合氯醛硫酸镁注射液：本品为含水合氯醛8%、硫酸镁5%、氯化钠0.9%的灭菌水溶液。每瓶50毫升、100毫升。具有麻醉、镇静和松弛骨骼肌的作用。用于麻醉、镇静和镇痉。静脉麻醉用量：马每次200～400毫升。用作镇静：马每次100～200毫升。注射速度必须缓慢，每分钟不得超过30毫升，至达到需要的麻醉程度为止。

水合氯醛乙醇注射液：本品为含水合氯醛5%、乙醇15%的灭菌水溶液。每瓶100毫升、250毫升。有镇静、镇痉作用，常用于缓解中枢神经兴奋性疾病引起的症状和疝痛等。静脉注射用量：马、牛每次100～300毫升。

【应用注意】①静脉注射时应避免漏出皮下。内服和灌肠时，应配成1%～5%的水溶液，并加黏浆剂。②注意安全，做好麻醉前检查，心脏病、肺水肿及机体虚弱的患畜禁用。水合氯醛的麻醉作用一般在注射后10～15分钟后继续加深，因此，应先迅速注入2/3的量，再根据麻醉深度，以及呼吸、心跳变化的情况，决定继续注入的量，达到浅麻醉时应即停药。③在手术中和手术后对家畜均应注意保温。④一般在麻醉前15分钟注射硫酸阿托品。⑤安钠咖、樟脑制剂和尼可刹米等药物可解救水合氯醛中毒。⑥水合氯醛不能高温灭菌，必须临用时无菌制备。为防止溶血，一般多用生理盐水或等渗葡萄糖溶液为溶媒，配成

5%～10%溶液。

硫喷妥钠（戊硫巴比妥钠）

【性状】本品为淡黄色粉末，有类似蒜的臭气，味苦，易溶于水，能溶于乙醇，极易吸湿。接触空气或在水溶液中极不稳定，故其粉针剂多密封于填充氮气的玻璃容器中，并加碳酸钠作缓冲剂。

【作用与用途】本品属超短效巴比妥类药物，适用于短时间的手术。主要用作静脉麻醉药，可单独使用，也可作基础麻醉，即先用它达到浅麻醉，再用其他麻醉药维持麻醉深度。本品还有较好的抗惊厥作用，可用于抗破伤风、脑炎及中枢兴奋药中毒引起的惊厥。

【制剂、用法与用量】

粉针剂：每支0.5克、1克。临用时用注射用水或生理盐水配制成2.5%～10%溶液。静脉麻醉用量：马、牛、羊、猪每次10～15毫克/千克体重，犊牛每次15～20毫克/千克体重，犬、猫、兔每次20～25毫克/千克体重（多配成2.5%溶液），大白鼠每次50～100毫克/千克体重（多配成1%溶液），鸟类每次5毫克/100克体重（多配成1%溶液）。腹腔注射，用于麻醉，猪、犬、猫、兔、大白鼠的用量同静脉麻醉量。

【应用注意】①本品安瓿破裂或粉末不易溶解而有沉淀，或溶液带颜色，不宜再用。②反刍动物在麻醉前须注射阿托品。③有肝、肾疾患的动物忌用本品。中毒引起呼吸及循环抑制时，可用戊四氮等中枢兴奋药解救。

盐酸氯胺酮

【性状】本品为白色结晶性粉末，微有特臭味，易溶于水，微溶于乙醇。

【作用与用途】本品为短效静脉麻醉药。与传统的全身麻醉药相比，其特点是既可抑制丘脑的外皮层系统，又能兴奋大脑边缘叶，引起感觉与意识分离，故称为“分离麻醉”。麻醉期间动物意识模糊而不完全丧失，眼睛睁开，骨骼肌张力增加，而痛觉却完全消失，呈现所谓“木僵样麻醉”。在兽医临床上，氯胺酮已用作马、猪、羊及多种野生动物的化学保定、基础麻醉和麻醉药。

【制剂、用法与用量】

注射液：每支1毫升：10毫克或50毫克。静脉注射，用作麻醉的用量：马、牛每次2～3毫克/千克体重，羊、猪每次2～4毫克/千克体重。作用消失后可重复注射相同剂量。肌肉注射用作镇静性保定的用量：羊、猪每次10～15毫克/千克体重，犬每次10～20毫克/千克体重，猫每次20～30毫克/千克体重，兔每次20毫克/千克体重，猴每次5～10毫克/千克体重，鹿每次10毫克/千克体重，水貂每次6～14毫克/千克体重。复方氯胺酮注射液由盐酸氯胺酮150克、盐酸二甲苯胺噻嗪150克、盐酸苯乙哌酯0.5克，注射用水加至1 000毫升组成。用于家畜和野生动物的全身麻醉和化学保定。肌肉注射用量：猪每次0.1毫升/千克体重，犬每次0.033～0.067毫升/千克体重，猫每次0.017～0.02毫升/千克体重，马、鹿每次0.015～0.025毫升/千克体重。

【应用注意】①静脉注射时速度要缓慢。②对唾液分泌有增强现象，事先注入少量阿托品可加以抑制。③在猪应用本品易出现苏醒期兴奋，如与硫喷妥钠合并使用可以消除。

（二）局部麻醉药

局部麻醉药（简称局麻药），是一类能可逆性阻断神经末梢或神经干的冲动传导，使该神经支配部位的组织暂时丧失痛觉的药物。局麻药能阻断各种神经冲动的传导，其作用与神经纤维的种类、粗细、有无髓鞘等有关。除抑制痛觉外，还能抑制触觉、压觉和温觉。如果药量和作用时间足够，也能抑制运动神经。局麻药的应用方法有以下几种：

表面麻醉：将药液点眼或喷雾、涂布于黏膜表面，药物穿透黏膜，使黏膜下感觉神经末梢麻醉。

浸润麻醉：将药液注入皮下或黏膜下的组织，药液扩散浸润手术部位的感觉神经末梢而产生麻醉。

传导麻醉：将药液注入神经干、神经丛或神经节周围，使该神经支配下的区域产生麻醉，如腰旁神经干传导麻醉。

硬膜外麻醉：将药液注入硬脊膜外腔，阻滞由硬膜外出的脊神经，从而可使后躯麻醉。

盐酸普鲁卡因（奴佛卡因）

【性状】本品为白色、细微的针状结晶性粉末，无臭，味微苦，有麻醉感，易溶于水，略溶于乙醇。

【作用与用途】本品用作浸润、传导、硬膜外麻醉。静脉注射（或滴注）低浓度的普鲁卡因，对中枢神经系统有轻度抑制、镇痛、解痉和抗过敏作用，可解除肠痉挛，缓解外伤、烧伤引起的剧痛，制止全身性瘙痒等。

【制剂、用法与用量】

注射液：加氯化钠制成等渗液：每支 10 毫升：0.3 克、0.15 克，50 毫升：0.125 克。

粉针剂：每支 0.15 克。临用时自行配制成不同浓度的溶液。

表面麻醉可用其 3% ~5% 溶液，喷雾或滴于黏膜表面。浸润麻醉常用其 0.25% ~0.5% 溶液，注射于皮下、黏膜下或深部组织中。传导麻醉常用其 2% ~5% 溶液，马、牛每个注射点 10 ~20 毫升。硬膜外麻醉常用其 2% ~5% 溶液，大动物每个注射点 20 ~30 毫升，小动物 2 ~5 毫升。封闭疗法用 0.5% 盐酸普鲁卡因溶液，马、牛用 50 ~100 毫升注射在患部（炎症、创伤、溃疡）组织的周围，不仅能消除疼痛，而且可阻断由患部神经向中枢传导的不良刺激，并可使局部血管扩张，有利于改善局部组织的血液循环。静脉注射镇静、镇痛用量：0.25% 盐酸普鲁卡因溶液，马、牛每次1毫升/千克体重。

【应用注意】①如果用量过大，可产生中枢兴奋、骚动、大出汗、脉搏频数、呼吸困难，甚至惊厥等。过度的兴奋往往又可转为抑制，引起呼吸麻痹等。如果出现中毒症状，应立即采取对症治疗。如在兴奋期，可给予小剂量中枢抑制药（如异戊巴比妥钠等）。但若转为抑制期，则不可用兴奋药解救，因为神经细胞已由于过度兴奋而衰竭，此时只能采取人工呼吸等急救措施。②在用磺胺制剂治疗期间，不能应用普鲁卡因。碱类、氧化剂易引起盐酸普鲁卡因分解，故不宜配合在一起外用。

盐酸利多卡因（昔罗卡因）

【性状】本品为无色结晶，无臭，味微苦而麻，极易溶于水，易溶于乙醇。

【作用与用途】本品的局麻作用和穿透力比普鲁卡因强，作用快，扩散迅速，对组织无刺激性，局部血管扩张作用不明显。本品作为局麻药可用作表面、浸润、传导及硬膜外麻醉。用作表面麻醉时，溶液浓度须提高至2% ~5%，传导麻醉为2%溶液，浸润麻醉为0.25% ~0.5%溶液，硬膜外麻醉为2%溶液。

【制剂、用法与用量】

注射液：每支10毫升：0.2克，20毫升：0.4克。浸润麻醉用0.25% ~0.5%溶液，表面麻醉用2% ~5%溶液。传导麻醉用量：每个注射点马、牛用2%溶液8 ~12毫升，羊用3 ~4毫升。硬膜外麻醉用量：马、牛每100千克体重用2%溶液2.5毫升，犬用0.5%溶液，剂量不高于4毫克/千克体重。

2%注射液皮下注射剂量：马、牛400毫升，猪、羊80毫升，犬25 ~65毫升，猫8.5毫升。

盐酸丁卡因（地卡因）

【性状】本品为白色结晶性粉末，无臭，味苦带麻木感。有吸湿性，易溶于水。

【作用与用途】本品作用特点是：对黏膜穿透力强，适用于表面麻醉，滴眼后无血管收缩、瞳孔散大、角膜损伤等不良反应，常用于眼科。局麻作用和毒性均比普鲁卡因约大10倍。注射后，麻醉作用出现慢（约10分钟），吸收后代谢也慢，局麻时间长达3小时左右，适用于硬膜外麻醉。

【制剂、用法与用量】

注射液：5毫升∶5毫克、10毫克。

粉针剂：每包100克、500克。

表面麻醉用量：眼科用0.5%～1%溶液；鼻、喉黏膜用1%～2%溶液；泌尿道黏膜用0.1%～0.5%溶液。药液中也可加0.1%盐酸肾上腺素，一般每3毫升药液中加1滴。硬膜外麻醉用0.2%～0.3%溶液。剂量：1～2毫克/千克体重。

盐酸可卡因（盐酸古柯碱）

【性状】本品为无色结晶或白色结晶性粉末，无臭，味苦带辛辣的麻木感，有吸湿性，极易溶于水，易溶于乙醇。

【作用与用途】本品穿透力很强，适用于表面麻醉，可用1%～5%溶液滴眼。但因能散大瞳孔、收缩血管，容易产生角膜损伤，吸收后毒性大，现已很少应用，已被合成局麻药取代。

九、解热镇痛抗炎药

（一）糖皮质激素

主要有可的松及氢化可的松。这类皮质激素有较强的糖代谢及抗炎等作用，而对水、盐代谢的作用较弱，所以称其为糖皮质激素。临床上应用广泛。通常所说的皮质激素即指这类激素。近年来，为了提高疗效，降低副作用，人工合成了一系列的糖皮质激素衍生物。

糖皮质激素的主要作用是能降低机体对内外环境各种刺激的反应性，具体表现在抗炎、免疫抑制、抗毒素和抗休克等方面。还可使血糖升高，蛋白质分解加强，使血淋巴细胞、嗜酸性细胞减少，红细胞、嗜中性粒细胞、血小板增高等。

糖皮质激素主要用于以下疾病：各种炎症、严重感染及传染病、过敏性疾病、风湿病、休克、代谢疾病以及引产。

糖皮质激素在应用时必须注意以下几点：①严格掌握适应症，以便在某些疾病的抢救和治疗中起到应有的作用，防止滥用，避免产生不良反应和并发症。②本类药物对病原微生物并无抑制作用，却能抑制炎症反应和免疫反应，降低机体防御功能，致使原有病灶恶化扩散，或造成继发感染，故应加以控制，一般感染不得随便使用。当用于治疗严重感染性疾病时，必须与足量的有效抗菌药物配合应用。③长期使用糖皮质激素，可出现水肿、低血钾、肌萎缩、骨质疏松、脱钙、病理性骨折、糖尿、幼畜生长停滞等症状。可根据情况适时停药，或给予必要的治疗。骨软症、糖尿病、骨折治疗期，均不宜使用糖皮质激素。④糖皮质激素能抑制变态反应，对代谢和血细胞有较大的影响，因而在用药期间可影响鼻疽菌素点眼试验和其他实验室诊断，应予注意。⑤糖皮质激素可促进蛋白质分解，延缓肉芽组织的形成，妨碍外伤或手术创口及溃疡的愈合。角膜溃疡初期不宜使用，手术后慎用。

醋酸可的松（皮质素）

【性状】本品为白色或乳白色的结晶性粉末，不溶于水，微溶于乙醇、醚，易溶于氯仿。

【作用与用途】本品为糖皮质激素中作用较弱的一种，有较强的水、钠潴留的副作用。小动物内服易吸收并迅速呈现药效，大动物内服吸收不规则。混悬液肌肉注射后吸收缓慢，作用可维持24小时。对于治疗慢性炎症可长期应用，眼科表层炎症也可局部应用。

【制剂、用法与用量】

注射液：乳白色液体，用药前应摇匀。2毫升：50毫克，5毫升：125毫克，10毫升：250毫克。肌肉注射用量：马、牛0.5～2克/匹（头），羊0.025～0.05克/只，猪0.1～0.2克/头，犬0.05～0.2克/只，分2次注射。腱鞘、滑膜囊、关节腔内注射：马、牛0.05～0.25克/次。

片剂：每片含5毫克、25毫克。内服用量：犬2～4毫克/千克体重，分3～4次内服。

眼膏：为0.25%～0.5%的软膏，供外用。

滴眼剂：0.5%眼药水，供外用。

氢化可的松（皮质醇）

【性状】本品为白色或近乎白色结晶性粉末，无臭，初无味，后有持久的苦味，不溶于水，微溶于乙醇。其醋酸盐性状同上。氢化可的松琥珀酸钠为白色或近乎白色结晶性或无定形粉末，无臭，有吸湿性，易溶于水及乙醇，水溶液不稳定。应遮光、密封保存。

【作用与用途】本品为天然皮质激素。抗炎作用比可的松略强，水、钠潴留的副作用相似。静脉注射制剂显效快，可用于治疗严重的中毒性感染或其他危急病症。醋酸氢化可的松注射液（混悬液）肌肉注射时吸收很少，作用较弱。因此，主要供关节或腱鞘内注射，治疗关节、腱鞘炎症。局部应用疗效较好，常用于牛乳腺炎、眼科炎症、皮肤过敏性炎症等的治疗。

【制剂、用法与用量】

注射液：为氢化可的松的灭菌稀醇溶液。每支20毫升：100毫克，10毫升：50毫克，5毫升：25毫克，2毫升：10毫克。静脉注射或静脉滴注：马、牛200～500毫克/次，羊、猪20～80毫克/次，犬5～20毫克/次，猫1～5毫克/次。1日1次，以生理盐水或葡萄糖注射液稀释后使用。

氢化可的松琥珀酸钠粉针剂：每瓶含0.135克（相当于氢化可的松0.1克），临用前加注射用水制成5%（按氢化可的松含量计算）注射液后使用。静脉注射量同氢化可的松注射液。本品水溶液不稳定，配制后应立即使用。加注射用水后，溶液如不透明则不能用。

醋酸氢化可的松注射液：每支5毫升：125毫克。肌肉注射量：马、牛250～750毫克/次，羊12.5～25毫克/次，猪50～100毫克/次，犬25～100毫克/次。关节或腱鞘内注射用：马、牛50～250毫克/次，每4～7日注射1次。乳房注入：马、牛20～40毫克/次。

滴眼剂：0.5%醋酸氢化可的松眼药水，供外用。

眼膏：1%醋酸氢化可的松软膏，供外用。

泼尼松（强的松）

【性状】醋酸泼尼松为白色或近乎白色结晶性粉末，无臭，味初淡，随后有持久的苦味，不溶于水，微溶于乙醇。应避光、密封保存。

【作用与用途】本品具有抗炎及抗过敏作用，能抑制结缔组织的增生，降低毛细血管壁和细胞膜的通透性，减少炎性渗出，并能抑制组织胺及其他毒性物质的形成与释放。还能促进蛋白质分解转变成糖，减少葡萄糖的利用，因而使血糖及肝糖原增加，尿中可以出现糖尿，同时增加胃液分泌，促进食欲。当严重中毒性感染时，与大量抗菌药物配合使用，可有良好降温、抗毒素、抗炎、抗休克及促进症状缓解的作用。主要用于各种急性严重细菌感染、严重的过敏性疾病、风湿、类风湿、肾病综合征、支气管哮喘、各种肾上腺皮质功能不足症、湿疹等。

【制剂、用法与用量】

片剂：每片5毫克。

内服量：马、牛100~300毫克/次，羊、猪10~20毫克/次，犬、猫0.5~2毫克/千克体重。1日1次。

软膏剂：含量1%。外用于皮肤炎症。

眼膏：含量0.5%。每支2克，供眼科外用。

泼尼松龙（氢化泼尼松，强的松龙）

【性状】本品为白色或类白色结晶性粉末，无臭，味苦，水中几乎不溶，微溶于乙醇。醋酸氢化泼尼松性状同上。氢化泼尼松琥珀酸钠为白色或近白色结晶性粉末，无臭，味初淡后苦，有吸湿性，易溶于水，可溶于乙醇。三种药剂均应遮光、密封保存。

【作用与用途】本品的药理作用与泼尼松相似。其特点是可供静注、肌注、乳房内注入和关节腔内注射等。

【制剂、用法与用量】

注射液：本品为无菌稀醇溶液。2毫升：10毫克。静脉注射或肌肉注射（用生理盐水或5%葡萄糖注射液稀释后使用）量：马、牛50~50毫克/次，羊、猪10~20毫克/次。静注速度宜慢。

醋酸氢化泼尼松注射液：每支5毫升：125毫克，供局部应用。乳房内注入，每一乳室10~20毫克/次。关节腔内注射，马、牛 20～40 毫克/次（视病变部位而定），每 4～7 日注射 1 次。

醋酸氢化泼尼松片剂：每片 5 毫克。

内服量：犬 2～5 毫克/次（7～14 千克体重），5～15 毫克/次（14 千克以上体重）。1 日 1 次。

醋酸氢化泼尼松软膏剂：含量 0.5%。外用于各种皮肤炎症。

氢化泼尼松琥珀酸钠粉针剂：每瓶含 33 毫克（相当于氢化泼尼松 25 毫克）、45 毫克（相当于氢化泼尼松 34 毫克）或 66.9 毫克（相当于氢化泼尼松 50 毫克），附有缓冲液 2 毫升须临用现配。供静脉或肌肉注射量：马、牛 76～200 毫克/次，羊、猪 13～26 毫克/次。1 日 1 次。

（二）镇痛药

镇痛药是主要作用于中枢神经系统，能选择性地抑制痛觉的药物。在镇痛时，动物意识清醒，其他感觉不受影响。适当地应用镇痛药不仅能解除疼痛，而且能预防神经性休克的发生。但是，疼痛往往是诊断疾病的重要依据，因而对诊断未明的疼痛不宜使用镇痛药，以免掩盖病情，延误诊断。

1. 吗啡及其代用品

盐酸吗啡

【性状】本品为白色有绢丝光泽的针状结晶或结晶粉末，无臭，味苦，遇光易变质，能溶于水及乙醇。

【作用与用途】本品能在不影响其他感觉的情况下，选择性地抑制痛觉。镇痛作用强大，对各种疼痛均有效。对持续性钝痛比间断性锐痛及内脏绞痛的效果更强。本品最大缺点是连续应用后产生成瘾性，对呼吸中枢有抑制作用。临床上作为镇痛药可用于创伤、烧伤疼痛及肠炎腹痛等。对犬可用作麻醉前给药。

【用法与用量】镇痛，皮下、肌注：马每次0.1～0.2毫克/千克体重，犬每次0.5～1毫克/千克体重，狐每次5毫克/千克体重；麻醉前给药，犬每次0.5～2毫克/千克体重。

【应用注意】①可引起组织胺释放、呼吸抑制、支气管收缩、中枢神经系统抑制。对猫、牛、羊等易引起强烈兴奋，须慎用。②胃扩张、肠阻塞、肠膨胀时禁用本品。③中毒时可用纳络酮、丙烯吗啡解救。

盐酸哌替啶（杜冷丁）

【性状】本品为白色结晶性粉末，无臭，味微苦，能溶于水和乙醇。

【作用与用途】临床上主要用作各种创伤疼痛、术后疼痛和痉挛疝痛的镇痛药。也可用作麻醉前给药，能消除兴奋，减少麻醉药的用量。

【用法与用量】镇痛，皮下、肌注：马、牛、羊、猪每次2～4毫克/千克体重，犬、猫每次5～10毫克/千克体重。麻醉前给药，皮下、肌注：猪每次1～2毫克/千克体重，犬每次2.5～6.5毫克/千克体重，猫每次5～10毫克/千克体重。

【应用注意】本品久用可成瘾。过量中毒可出现呼吸抑制，对猫等动物可产生兴奋和惊厥。除用纳洛酮、丙烯吗啡解救呼吸抑制外，尚需配合巴比妥类药物缓解惊厥症状。

安那度（阿法罗定，甲替定）

【性状】其盐酸盐为白色结晶性粉末，无臭，稍有咸味，易溶于水与乙醇。

【作用与用途】本品作用与杜冷丁类似，镇痛作用快，持续时间短。有镇静作用。呼吸抑制作用较弱，成瘾性较轻。可用于小手术止痛，肠痉挛及其他平滑肌痉挛性疼痛。

【用法与用量】皮下、肌注：马、牛0.1～0.2克/次，羊、猪20～40毫克/次。

2. 镇痛性化学保定药

盐酸赛拉嗪（盐酸二甲苯胺赛嗪，龙朋，麻保静）

【性状】本品为白色结晶，易溶于水，溶于有机溶剂。

【作用与用途】本品为α2 受体激动剂，具有镇痛、镇静和中枢性肌肉松弛作用。可用于马、牛的化学保定，以便进行诊疗和小手术。用大剂量或配合局部麻醉药，可行去角、取茸、去势、乳房切开、剖腹产等手术。

【用法与用量】

粉针剂：每瓶500毫升，可配成2%～10%水溶液注入。

注射液：每支5毫升：500毫升，10毫升：200毫升。各种家畜、野生动物用量见表1。

表1　各种家畜用量表

（每次用量：毫克/千克体重）

畜别	静脉注射	肌肉注射	畜别	静脉注射	肌肉注射
马	0.5～1.1	1～2	猪	—	2～3
牛	0.03～0.1	0.1～0.2	犬	0.5～1	1～2
绵羊	0.05～0.1	0.1～0.3	猫	0.5～1	1～2
山羊	0.01～0.5	0.05～0.5			

【应用注意】①马静脉注射本品，常可抑制心肌传导性，故注射宜缓慢，在用药前须先注射阿托品。②衰弱的家畜及有心、肝、肾病及伴有呼吸抑制的家畜，应用本品时宜慎重。孕畜不宜使用本品，以防早产或流产。③使用本品中毒时，可注射肾上腺素或尼可刹米等呼吸兴奋剂对症治疗，并可使用拮抗药盐酸苯噁唑等解救。

盐酸赛拉唑（盐酸二甲苯胺噻唑，精松灵）

【性状】本品为白色结晶性粉末，味微苦，易溶于水。

【作用与用途】本品与二甲苯胺噻嗪药理作用相似，具有镇痛、镇静和中枢性肌肉松弛作用。用于化学保定，控制烈性动物，可单独或配合其他药物代替全身麻醉药，进行各种外科手术。

【用法与用量】肌注：马、骡每次 0.5 ~ 1 毫克/千克体重，驴每次 1 ~ 3 毫克/千克体重，黄牛、牦牛每次 0.2 ~ 0.6 毫克/千克体重，水牛每次 0.4 ~ 1 毫克/千克体重，羊每次 1 ~ 3 毫克/千克体重，鹿每次 2 ~ 5 毫克/千克体重。

【应用注意】静脉注射宜缓慢，严重心肺疾患和怀孕后期的家畜慎用。中毒时，可进行人工呼吸，注射肾上腺素或尼可刹米等呼吸兴奋剂对症治疗，并可用拮抗药盐酸苯噁唑等解救。

3. 其他镇痛药

硫酸延胡乙素（硫酸四氢帕马汀）

【性状】本品为淡黄色结晶，能溶于水。

【作用与用途】本品内服吸收良好。镇痛作用比杜冷丁弱，但较一般解热药强。对慢性持续性钝痛效果较好。对创伤或手术后疼痛效果较差。还有镇静催眠作用。本品不属吗啡类，也无成瘾性，大剂量时对呼吸有一定的抑制作用。

【用法与用量】皮下注射：马、牛 400 ~ 500 毫克/次，猪、羊 100 ~ 200 毫克/次，犬 60 ~ 100 毫克/次，猫 20 ~ 30 毫克/次。

（三）解热镇痛抗风湿药

解热镇痛抗风湿药是一类具有退热兼镇痛作用的药物，其中大多数有抗风湿的作用，少数有抗痛风效果，镇痛作用部位主要在外周，镇痛功能虽不及吗啡类药物，对创伤和平滑肌痉挛性剧痛效果很差，但对肌肉痛、关节痛、神经痛、牙痛等却有良好效果，而且本类药物长期使用极少成瘾，故也称非麻醉性（非成瘾性）镇痛药。本类药物的解热作用，主要表现在发热患畜，对正常体温一般并无影响。

1. 苯胺类

非那西丁（对乙酰氨基苯乙醚）

【性状】本品为白色有闪光的鳞片状结晶或白色粉末，无臭，味微苦，不溶于水。

【作用与用途】本品具有解热镇痛作用，但无消炎、抗风湿作用。由于本品毒性较大，已被扑热息痛所代替。

【用法与用量】内服：一次量，马、牛 10～20 克，猪 1～2 克，羊 1～4 克，犬 0.1～1 克。

【注意事项】剂量过大或长期使用，可致高铁血红蛋白症，引起组织缺氧、发绀。猫易引起严重的毒性反应，不宜使用。

对乙酰氨基酚（扑热息痛）

【性状】本品为白色结晶性粉末，无臭，味微苦，易溶于水和乙醇。

【作用与用途】本品解热镇痛作用缓和、持久，其强度类似阿司匹林，但几乎无消炎、抗风湿作用。主要作为中小家畜的解热镇痛药。

【用法与用量】内服：马、牛 10～20 克/次，羊 1～4 克/次，猪 1～2 克/次，犬 0.1～1 克/次。肌注：马、牛 5～10 克/次，羊 0.5～2 克/次，猪 0.5～1 克/次，犬 0.1～0.5 克/次。

2. 吡唑酮类

氨基比林（匹拉米洞）

【性状】本品为白色结晶性粉末，无臭，味微苦，溶于水，易溶于乙醇。本品与巴比妥混合制成的注射液，称为复方氨基比林注射液。

【作用与用途】本品有明显的解热镇痛和消炎作用。退热效果好。镇痛作用较阿司匹林强而持久，抗风湿消炎作用不亚于水杨酸钠类。与巴比妥类合用能增强镇痛效果。但长期使用可引起粒性白细胞缺乏症。单一药物片剂及注射液已被淘汰，复方制剂仍在应用。

【用法与用量】内服：马、牛 0.6～1.2 克/次，猪、羊 2～5 克/次，犬 0.13～0.4 克/次。肌肉或皮下注射：马、牛 0.6～1.2 克/次，猪、羊 50～200 毫克/次。

安乃近

【性状】本品为白色或淡黄色结晶性粉末。无臭，味微苦。易溶于水，略溶于乙醇。

【作用与用途】本品是氨基比林与亚硫酸钠的加成物，水溶性好，作用较快。解热作用是氨基比林的 3 倍，镇痛作用与氨基比林相同。也有消炎、抗风湿作用。除用作解热、镇痛、抗风湿外，也用于肠痉挛、肠臌胀，制止腹痛，不影响肠管正常蠕动。

【用法与用量】内服：马、牛 4～12 克/次，羊、猪 2～5 克/次，犬 0.5～1 克/次。肌注：马、牛 3～10 克/次，羊 1～2 克/次，猪 1～3 克/次，犬 0.3～0.6 克/次。

【注意事项】长期使用易引起粒细胞减少，能抑制凝血酶原的形成，加重出血倾向。

【休药期】牛、羊、猪 28 日。弃奶期 7 日。

安替比林

【性状】本品为无色结晶或白色结晶性粉末，无臭，味微苦，易溶于水和乙醇。

【作用与用途】有解热、镇痛和消炎作用，疗效不及氨基比林。多次重复使用可产生高铁血红蛋白症等不良反应。临床较少应用。

【用法与用量】

内服量：马、牛 10～30 克/千克体重，羊、猪 2～5 克/千克体重，犬 0.2～2 克/千克体重。

3. 水杨酸类

水杨酸钠（撒曹）

【性状】白色或微淡红色的细微鳞片，或白色无晶形的粉末及球状颗粒，无臭或微带特臭，味甜咸，易溶于水与乙醇。

【作用与用途】本品有镇痛、解热、消炎、抗风湿作用。主要用于治疗风湿病，能使风湿热消退，关节疼痛及肿胀减轻。还有促进尿酸排泄的作用，可用于治疗痛风。

【用法与用量】内服：马 10～50 克/次，牛 15～75 克/次，猪、羊 2～5 克/次。静注：马、牛 10～30 克/次，猪、羊 2～5 克/次，犬 0.1～0.5 克/次。

【注意事项】内服对胃黏膜有刺激性，加服碳酸氢钠可减轻对胃的刺激性，但能减少其吸收促进其排泄；大剂量长期使用能引起耳聋、肾炎，抑制肝脏合成凝血酶原而引起出血。

乙酰水杨酸（阿司匹林）

【性状】本品为白色结晶粉末，无臭，味微酸，难溶于水，易溶于乙醇。在干燥空气中稳定，在潮湿空气中分解成醋酸及水杨酸，刺激性增强。

【作用与用途】本品具有较强的解热、镇痛及消炎、抗风湿作用。可用于治疗感冒、神经痛和风湿病。用较大剂量时，可抑制肾小管对尿酸的重吸收，使尿酸排出增加，故可用于治疗痛风病。

【用法与用量】内服：马、牛 15～30 克/次，羊、猪 1～3 克/次，犬 0.2～1 克/次。

【注意事项】可抑制抗体产生及抗原抗体反应，使用疫苗、家畜检疫时禁止使用；对胃肠道有刺激性，较大量可致食欲不振、恶心、呕吐乃至消化道出血，与碳酸钙同服可减少对胃肠的刺激性；长期使用可引发胃肠道溃疡、出血、肾炎等；与等量的碳酸氢钠同服，以防尿酸盐在肾小管沉积；对猫毒性较大，不宜使用。

【休药期】0 日。

4. 邻氨基苯甲酸类

甲灭酸（甲芬那酸，扑湿痛）

【性状】白色或淡黄色粉末，无臭。不溶于水，稍溶于乙醇。

【作用与用途】其镇痛作用比阿司匹林、氨基比林、氟灭酸都强。主要用于治疗风湿痛、神经痛及其他炎性疼痛。

【用法与用量】内服：马每次 2.2 毫克/千克体重，犬每次 1.1 毫克/千克体重。

【应用注意】有胃肠道反应，哮喘病畜慎用。

氟灭酸（氟芬那酸）

【性状】本品为淡黄色至淡黄绿色的结晶或结晶性粉末，味苦，几乎不溶于水，溶于乙醇。

【作用与用途】本品的解热、消炎作用比阿司匹林、氨基比林、保泰松强，镇痛作用较差。不良反应较小。

【用法与用量】内服：马、牛 1 ~4 毫克/次，羊、猪 0.4 ~0.8 毫克/次，犬 0.05 ~0.4 毫克/次，1 日 2 ~3 次。

【应用注意】有胃肠道反应，哮喘患畜慎用。

氯灭酸（氟芬那酸，抗风湿灵）

【性状】本品为白色结晶性粉末，无臭，难溶于水。

【作用与用途】本品为我国独创的邻氨基苯甲酸类消炎镇痛药。具有消肿、解热、镇痛作用。对关节肿胀有明显的消炎消肿作用，可恢复关节活动，使血沉恢复正常。不良反应较小。疗程可长达 2 ~3 个月。

【用法与用量】内服：马、牛每次 1 ~4 克/千克体重，羊、猪每次 0.4 ~0.8 克/千克体重，犬每次 0.05 ~0.4 克/千克体重，1 日 2 ~3 次。

5. 芳基烷基酸类

萘洛芬

【性状】又称奈普生、消痛灵，本品为白色结晶性粉末，不溶于水，易溶于乙醇。

【作用与用途】具有消炎、镇痛、解热作用。可用于治疗风湿病、肌腱炎、痛风等。本品毒性较小。

【用法与用量】内服：马每次 10 毫克/千克体重，每日 2 次，连用 14 日；犬每次 2 毫克/千克体重，首次量加倍，每日 1 次。

【注意事项】狗敏感，有胃肠道刺激性或出血性倾向。

卡洛芬（炎易妥，卡布洛芬）

【性状】本品结晶熔点为 197～198℃。

【作用与用途】具有镇痛、消炎与解热作用。对炎性疼痛与病变的疗效与吲哚美辛相同，适用于风湿症、关节炎和手术后。

【用法与用量】内服：犬每次 2～1 984 毫克/千克体重，分 2 次服用，连用 7 天；之后每千克体重 2 毫克，每日 1 次。静脉注射量：每千克体重，马每次 0.7 毫克/千克体重，如果需要，1 日后重复注射。犬每次 4 毫克/千克体重。

【应用注意】心、肝、肾疾病及消化道溃疡患者慎用。

酮洛芬（酮基布洛芬）

【性状】本品为白色结晶性粉末，无臭或几乎无臭。在水中几乎不溶，溶于乙醇。

【作用与用途】具有镇痛、消炎、解热作用。消炎作用强，副作用小，毒性低。主要作为消炎止痛药用于风湿症、关节炎、肌炎及术后疼痛等。

【用法与用量】静注：马每次 2.2 毫克/千克体重，1 日 1 次，连用 5 日。

吲哚美辛（消炎痛）

【性状】本品为白色结晶性粉末，无臭，不溶于水，易溶于乙醇。遮光、密闭保存。

【作用与用途】消炎痛具有消炎、解热和镇痛作用。用于治疗风湿性关节炎、神经痛、肌腱炎、肌肉损伤等。

【用法与用量】内服：马、牛每次 1 毫克/千克体重，猪、羊每次 2 毫克/千克体重。

【注意事项】有轻度的食欲不振、恶心、呕吐等副作用。

十、促生长剂与其他营养剂

（一）化学促生长剂

促生长剂是指能促进健康的、受到良好饲养的动物更快生长，并提高饲料转化率的药物。按来源区分有中草药产品、微生物发酵产品（如泰乐菌素、维吉霉素、杆菌肽锌、莫能菌素与盐霉素等）及化学合成产品。下面主要介绍化学促生长剂。

喹乙醇（喹酰胺醇）

【性状】本品为浅黄色结晶性粉末，无臭，味苦，溶于热水，微溶于冷水，难溶或不溶于乙醇。

【作用与用途】本品能促进蛋白质同化，生长更多的瘦肉。此外，还有抗菌作用，对革兰氏阳性菌和阴性菌均有抑制作用，对大肠杆菌、沙门氏菌、志贺氏菌、变形杆菌属等特别敏感，对金黄色葡萄球菌、肺炎双球菌、绿脓杆菌、痢疾密螺旋体等也有抑制作用。喹乙醇与四环素、氨苄青霉素没有交叉耐药性，而对上述抗生素产生抵抗力的细菌也有效。主要用作促进生长及催肥的饲料添加剂，也可用于治疗肠道炎症、赤痢、巴氏杆菌病等。

【制剂、用法与用量】饲料添加量：牛、羊为 100 毫克/千克，猪为 50 ~ 100 毫克/千克。

喹乙醇预混剂：本品为喹乙醇与淀粉或麸皮、磷酸氢钙、碳酸钙配成，用于促进家畜生长。制剂 100 克中含喹乙醇 5 克，500 克中含喹乙醇 25 克。混饲：预混剂用量猪为 1 000 ~ 2 000 毫克/千克。

【应用注意】体重超过 35 千克的猪禁用，宰前 35 日停止给药。

【休药期】猪 35 天。

二氢吡啶

【性状】本品为淡黄色细粉末结晶，微溶于水，能溶于热乙醇，易氧化。

【作用与用途】本品能抑制脂类化合物的过氧化过程，形成保护层，以隔断微粒体电子输送还原型辅酶 I 的活性，从而抑制生物膜的氧化，稳定生物体内的细胞组织，具有天然抗氧化剂维生素 E 的某些功能。因而可提高牛、羊、猪等的日增重，提高奶牛情期受胎率和种公牛精子质量，提高瘦肉率，抑制动物体内脂肪形成。此外，还可用作饲料抗氧化剂及食油的抗氧化剂。

【用法与用量】混饲：奶牛、羊 100 ~ 150 毫克/千克，猪 200 毫克/千克。水貂 200 毫克/千克体重。

【应用注意】本品应现喂现与饲料混合，牛宰前 1 周停止给药。用药期间和停药后 1 周内的牛奶不得供人饮用。

复方布他磷注射液

【性状】本品为粉红色澄明液体。是布他磷与维生素 B_{12} 的灭菌水溶液。

【作用与用途】为矿物质元素补充药。用于动物急、慢性代谢紊乱疾病，并可促进生长。

【用法与用量】每瓶 100 毫升。静脉、肌肉或皮下注射：马、牛 10 ~25 毫升/次，羊 2.5 ~8 毫升/次，猪 2.5 ~10 毫升/次。

（二）其他营养药

下面介绍的是一些能为家畜提供营养成分，使新陈代谢改善。从而提高对疾病的抵抗力或增强机体解毒能力的药物。其作用机理各有差异，可根据病情选择使用。

葡萄糖醛酸内酯（肝泰乐）

【性状】本品为白色柱状结晶或结晶性粉末，无臭，味苦，性稳定，易溶于水（1∶3.7），微溶于醇。

【作用与用途】能降低肝淀粉酶的活性，防止糖原分解，使肝糖原量增加，脂肪贮量减少。可用于急、慢性肝炎等。许多毒物、药物与本品结合后，成为无毒的葡萄糖醛酸结合物而排出，具有保肝解毒作用，所以常用于治疗食物中毒、药物中毒。葡萄糖醛酸内酶是构成机体结缔组织及胶原，特别是软骨、骨膜，神经鞘、关节囊、腱、关节液等的组成成分，故可用于治疗关节炎、风湿病等。

【制剂、用法与用量】

注射液：2 毫升∶0.1 克。肌肉或静脉注射用量：马、牛1～2 克/次，羊、猪0.2～0.4 克/次。

维丙胺（抗坏血酸二异丙胺）

【性状】本品为白色或略带淡黄色的结晶或晶粉，极易溶于水，微溶于无水乙醇。水溶液不稳定，遇光易变质。

【作用与用途】本品有改善肝功能、减少肝脂肪沉积、促进肝损伤再生等作用。实验证明，受四氯化碳损害的动物肝脏，用维丙胺治疗，可使谷-丙转氨酶下降，促进肝细胞功能的恢复。主要用于治疗动物的急、慢性肝炎和四氯化碳等毒物的中毒。

【制剂、用法与用量】

注射液 1 毫升：40 毫克、80 毫克。肌肉注射用量：马、牛0.8～1 克/次，羊、猪0.2 克/次。

十一、特效解毒药与抗过敏药

（一）解毒药

解毒药是能消除毒物在体内毒性作用的特效药物。常用的解毒药按其用途可分为：有机磷中毒的解毒药，重金属、类金属中毒的解毒药，氰化物中毒的解毒药，亚硝酸盐中毒的解毒药以及有机氟中毒的解毒药。

1. 有机磷中毒的解毒药

硫酸阿托品

【性状】无色结晶或白色结晶性粉末，无臭，在乙醇中易溶，极易溶于水，水溶液久置易变质。

【作用与用途】本品具有阻断M胆碱受体的作用，用药后可减轻或消除部分症状，但仍可见到肌肉震颤现象。阿托品不能使与有机磷结合的胆碱酯酶复活，所以对严重中毒病例，应与碘解磷定，氯磷定配伍使用。

【制剂、用法与用量】

注射液：每支5毫升∶25毫克，每支1毫升∶5毫克。麻醉前给药，马、牛、羊、猪、犬、猫每千克体重0.02～0.05毫克。内服，每千克体重0.02～0.04毫克。

碘解磷定

【性状】本品为黄色结晶性粉末，略溶于水，在碱性溶液中不稳定，易水解为氰化物，有剧毒，故忌与碱性药物配伍。

【作用与用途】本品为胆碱酯酶复活剂。常作为有机磷酸酯类急性中毒的解救药。对敌敌畏、乐果、敌百虫、马拉硫磷等中毒疗效较差，对中度、重度中毒则需同时使用阿托品。

【制剂、用法与用量】

粉针剂：每支含2克、1克、0.4克。临时使用生理盐水稀释至5%溶液。

注射液：每支10毫升∶0.4克。

【药物相互作用】本品与阿托品联用，对控制有机磷中毒呈协同作用。与碱性药物配伍易发生分解，降低药效。

氯解磷定

【性状】本品为黄色结晶性粉末，可溶于水。

【作用与用途】本品的作用机理同碘解磷定，但它的溶解度较大，除供静脉注射外，也可肌肉注射。氯解磷定对1059，1605的解毒效果好，对敌百虫、敌敌畏效果较差。本品不能通过血脑屏障，应与阿托品合用。

【制剂、用法与用量】

注射液：每支10毫升∶2.5克，2毫升∶0.5克。肌肉或静脉注射：10～30毫克/千克体重。

双复磷

【性状】本品为黄色结晶性粉末，溶于水。

【作用与用途】本品的作用机理与用途同碘解磷定，但对胆碱酯酶活性的复能效果较好，且能通过血脑屏障，有阿托品样作用，并可消除M胆碱，N胆碱及中枢神经系统症状。对1059，1605，3911等中毒的解救效果较好。

【制剂、用法与用量】

注射液：每支2毫升∶0.25克。肌肉或静脉注射用量：家畜15～30毫克/千克体重。

2. 重金属、类金属中毒的解毒药

多数重金属（如铅、汞、铜、铬、锌、银等）和类金属（如砷、锑、铋、磷等），能和家畜正常代谢的重要酶系统巯基酶的巯基相结合，抑制这些酶的活性，因而对家畜体产生严重的毒性。金属及类金属中毒的解毒药，多为含巯基的络合剂，能和金属和类金属结合形成环状络合物（也称螯合物），生成低毒或无毒的可溶性化合物，由尿排出，解除它们对体内巯基酶系统的作用，从而达到解毒的目的。

二巯基丙醇（巴尔）

【性状】本品为无色或几乎无色、易流动的液体，有强烈的异臭，能溶于水，水溶液不稳定，故配成10%油溶液（其中加有9.6%苯甲酸苄酯）使用。

【作用与用途】本品分子中具有活性的巯基，当重金属或类金属中毒时，其活性巯基在体内既能与游离的金属离子结合，又能夺取已和巯基酶系统结合的金属，形成环状络合物。但二巯基丙醇在动物体内易被氧化，已经形成的络合物还能重新解离出金属离子。临床上必须反复给药，以保证有足量游离的二巯基丙醇存留在体液中，直至体内的有害金属完全排出为止。

本品主要用于砷、汞、锑中毒的解毒，对铅、银、铁中毒疗效较差。

【制剂、用法与用量】

注射液：0.2克/2毫升、0.5克/毫升、1克/10毫升。肌肉注射用量：马、牛首次为5毫克/千克体重，以后每隔4小时注射1次2.5毫克/千克体重，2日后随着症状减轻，可酌情减少用量；羊、猪每次2~3毫克/千克体重，犬每次4毫克/千克体重。

【应用注意】大剂量可使毛细血管扩张，呼吸促迫，大量流涎，严重时发生肌肉挛缩。故应用时，要控制剂量。肝、肾不良患畜慎用。

【药物相互作用】与依地酸钙合用，可治疗幼龄小家畜的急性铅脑病。

二巯基丙磺酸钠（二巯基丙醇磺酸钠）

【性状】本品为白色结晶性粉末，易溶于水。水溶液微有硫化氢臭味。

【作用与用途】作用机理与用途同二巯基丙醇。故它常用于汞、砷、铋中毒的解救。

【制剂、用法与用量】

注射液：每支10毫升∶1克，5毫升∶0.5克。肌肉或静脉注射用量：马、牛每次5~8毫克/千克体重，羊、猪每次7~10毫克/千克体重。第一日至第二日每4~6小时1次。从第三日起1日2次。

【应用注意】静脉注射速度快时可引起呕吐，心跳加快等。

二巯基丁二钠（二巯琥珀酸钠）

【性状】本品为带硫臭的白色粉末，易吸水潮解，水溶液无色或微红色，不稳定，常变为混浊或呈土黄色。

【作用与用途】本品的作用同二巯基丙醇。二巯基丁二钠对锑的解毒效力强。常用于锑、铅、汞、砷中毒的解救。

【制剂、用法与用量】

粉针剂：每支1克、0.5克。临用前用灭菌生理盐水稀释成5%~10%溶液后缓慢静脉注入。各种家畜用量：每次20毫克/千克体重。急性中毒每日4次，连用3日；慢性中毒每日1次，5~7日为一疗程。

【应用注意】其水溶液不稳定，应现用现配，不得加热。水溶液应呈无色或微红色，如呈土黄色或混浊，则不可使用。

依地酸钙钠（乙二胺四乙酸钙钠）

【性状】本品为白色结晶性或颗粒性粉末，无味、无臭，露置空气中容易潮解，易溶于水。

【作用与用途】本品能与多价金属形成难解离的可溶性金属络合物而排出体外。主要用于铅中毒解毒，也可用于锰、铜、镉、汞等金属中毒及放射性元素如钇、镭、锫、钚中毒的解救。

【制剂、用法与用量】

注射液：每支2毫升∶0.2克，5毫升∶1克。临用时用生理盐水稀释成0.25%~0.5%溶液。静脉注射用量：马、牛3~5克/

次，羊、猪1~2克/次，犬1克/次，猫0.4克/次。1日2次。

【应用注意】大量或长期使用，可致肾脏损害，出现少尿、蛋白尿、血尿甚至肾功能衰竭等，停药后恢复正常。肾病患畜禁用。

青霉胺（D-盐酸青霉胺）

【性状】本品为白色或近白色结晶性粉末，有臭味，能吸湿，极易溶于水。

【作用与用途】本品为含巯基的氨基酸，对金属离子有较强的络合作用，能与体内积聚的金属离子如铅、汞、铜络合后从尿中排出。可用于慢性铜、铅、汞中毒的治疗。

【制剂、用法与用量】

片剂：每片0.1克。

内服量：各种家畜每次5~10毫克/千克体重，1日3~4次，连用5~7日为一疗程，停药2~3日，根据需要可进行第二疗程。

【应用注意】本品对肾脏有毒性，可致蛋白尿和肾病综合征。与青霉素有交叉过敏反应。有时可引起消化系统症状。

去铁敏

【性状】本品为白色结晶性粉末，易溶于水，水溶液稳定。

【作用与用途】本品为铁的络合剂，在体内可与三价铁离子络合成为无毒的络合物，并由尿排出。本品用作铁中毒的解毒剂。

【制剂、用法与用量】

粉针剂：每瓶0.5克。肌肉注射：各种家畜首次量：20毫克/千克体重，维持量：10毫克/千克体重，每隔4小时注射1次，注射2次后，每隔4~12小时注射1次，日总量不超过120毫克/千克体重。静脉注射剂量同肌肉注射，注射速度应保持每小时15毫克/千克体重。

3. 氰化物中毒的解毒药

氰化物中毒是由氢氰酸或含氰苷的植物在体内水解游离出氰离子而引起的中毒。其中毒机理是氰离子在家畜体内极易与细胞色素氧化酶的三价铁结合，形成氰化细胞色素氧化酶，因而使细胞不能利用血液携带来的氧。其解毒药的作用就在于恢复细胞色素酶的活性。

亚硝酸钠

【性状】本品为微黄色或白色结晶性粉末，有潮解性。易溶于水，水溶液不稳定。

【作用与用途】本品可用于各种家畜的氰化物中毒。当氰化物中毒时，静脉注射亚硝酸钠后，亚硝酸根离子具有氧化作用，能使体内血红蛋白氧化成高铁血红蛋白。这种高铁血红蛋白能与体内的氰离子以及与细胞色素氧化酶结合的氰离子结合，形成氰化高铁血红蛋白，从而起到解毒作用。但氰化高铁血红蛋白不稳定，能再解离出氰离子。为了避免解离的氰离子产生毒性，应再静脉注射硫代硫酸钠溶液，与氰离子生成无毒的硫氰化合物而排出体外。如果亚硝酸盐用量过大，则因变性血红蛋白过多，反而会发生亚硝酸盐中毒症状，家畜由于缺氧而黏膜紫绀，此时，应用亚甲蓝解救。

【制剂、用法与用量】

注射液：每支10 毫升：0.3 克。静脉注射用量：马、牛2 克/次，羊、猪0.1 ~0.2 克/次。

【不良反应】本品有扩张血管作用，速度过快时可致血压降低，心动过速，出汗，休克，抽搐。

硫代硫酸钠（大苏打）

【性状】本品为无色透明结晶性粉末，无臭、味咸、极易溶于水，不溶于乙醇。

【作用与用途】本品为氰化物中毒的特效解毒药。本品具有还原剂特性，能在体内与多种金属、类金属形成无毒硫化物由尿排出。可用于碘、汞、砷、铅、铋等中毒的解救，但其解毒效果不及二巯基丙醇。

【制剂、用法与用量】

注射液：每支20毫升∶1克；10毫升∶0.5克。

粉针剂：每支0.32克。静脉或肌肉注射用量：马、牛5~10克/次，羊、猪1~3克/次，犬、猫1~2克/次。

粉针剂：常配成10%浓度应用。

【应用注意】本品不能与亚硝酸钠混合注射。静注过速可使血压下降。

对二甲氨基苯酚

【性状】盐酸对二甲氨基苯酚为白色结晶性粉末，易溶于水。

【作用与用途】本品为新的高铁血红蛋白形成剂。其特点是作用快、药效强、副作用小，是氰化物中毒的有效解毒剂。对严重中毒病例则需要与硫代硫酸钠配合应用。

【用法与用量】

肌肉或静脉注射用量：马每次10毫克/千克体重。也可将一次剂量分作2份，分别作静脉注射与肌肉注射（多配成10%水溶液）。

4. 亚硝酸盐中毒的解毒药

家畜发生亚硝酸盐中毒，是亚硝酸盐将血红蛋白的二价铁氧化成变性血红蛋白的三价铁，而使血液失去向组织携带氧的功能。解救亚硝酸盐中毒可用适当的还原剂，如亚甲蓝和维生素C等，使变性血红蛋白还原为血红蛋白，以恢复其运送氧的功能。

亚甲蓝（美蓝）

【性状】本品为深绿色有光泽的柱状结晶性粉末，易溶于水和乙醇。

【作用与用途】本品具有氧化还原作用。当亚硝酸盐中毒时，静脉注射小剂量美蓝，能使高铁血红蛋白还原为血红蛋白，恢复携氧功能。当氰化物中毒时，氰离子与组织细胞色素氧化酶结合，使组织缺氧，若静脉注射大剂量美蓝，则可使血红蛋白氧化为高铁血红蛋白，后者能与体内的氰离子及与细胞色素氧化酶结合的氰离子形成氰化高铁血红蛋白，解除组织的缺氧状态。

【制剂、用法与用量】

注射液：每支10毫升：0.1克，5毫升：0.05克，2毫升：0.02克。解救亚硝酸盐中毒时，各种家畜静脉注射用量：每次1~2毫克/千克体重；解救氰化物中毒时，各种家畜静脉注射用量：2.5~10毫克/千克体重。

【药物的相互作用】本品与强碱性溶液，氧化剂，还原剂和碘化物配伍禁忌。

【应用注意】用量过大可引起恶心、呕吐、腹泻、头晕、出汗、兴奋、神志不清等不良反应。

5. 有机氟中毒的解毒药

作为杀虫药和杀鼠药使用的氟乙酰胺、氟乙酸钠等有机氟化合物，属于剧毒性物质，能引起家畜的有机氟中毒。中毒机理主要是破坏家畜体内三羧酸循环代谢过程。其解毒药的机理尚不完全清楚。

乙酰胺（解氟灵）

【性状】本品为白色结晶性粉末，无臭，可溶于水。

【作用与用途】本品为氟乙酰胺、氟乙酸钠的解毒剂，具有延长中毒潜伏期，减轻发病症状或制止发病等作用。乙酰胺的化学结构与氟乙酰胺、氟乙酸钠相似，可能是在体内以竞争酰胺酶的方式，对抗有机氟阻断三羧酸循环的作用。

【制剂、用法与用量】

注射液：每支5毫升：2.5克。各种家畜肌肉注射用量：每次0.05~0.1克/千克体重，1日2~4次，一般连续注射5~7日。

【不良反应】本品酸性强，肌肉注射时可引起局部疼痛。

滑石粉

【性状】本品为白色或灰白色微细粉末，无臭，无味，有滑腻性，不溶于水。

【作用与用途】滑石粉分子中含有镁原子。镁属于碱性金属，易与氟离子形成络合物。降低血中氟浓度，减少机体对氟的吸收，因此可用作氟中毒的解毒剂。滑石粉毒性低，治疗奶牛地方性氟病等，使用安全，疗效可靠。

【用法与用量】

内服量：牛 20 克/次，混饲投药，1 日 2 次，连用 15 日为一疗程，停药 3 ~5 日后，视情况继续用药。

（二）抗过敏药

抗过敏药主要是指抗组织胺药物。此外，如糖皮质激素、钙剂、麻黄碱和维生素 C 等也都有抗过敏作用。

抗组织胺药与组织胺的化学结构相似，因此二者可竞争体内的组织胺受体。若抗组织胺药占据了受体，组织胺便不能与该受体结合，从而缓解或消除了组织胺引起的过敏反应症状。抗组织胺药适用于由药物、血清等引起的过敏性疾病。

盐酸苯海拉明（苯那君）

【性状】本品为白色结晶性粉末，无臭，味苦，易溶于水和乙醇。应密封保存。

【作用与用途】本品可对抗组织胺引起的各种皮肤、黏膜过敏反应。如皮疹、荨麻疹、皮肤瘙痒症等。与氨茶碱、麻黄碱、维生素 C 或钙剂合用，效果更好，也可用于治疗组织损伤伴随有组织胺释放的疾病（如烧伤、冻伤、湿疹、脓毒性子宫炎等），或作为因饲料过敏而引起的腹泻、蹄叶炎等的辅助治疗。此外，本品还有中枢抑制作用、局麻作用等。

【制剂、用法与用量】

片剂：每片25毫克、50毫克。

内服量：马0.2～1克/次，牛0.6～1.2克/次，羊、猪0.08～0.12克/次，犬0.02～0.06克/次，猫0.01～0.03克/次。每12小时1次。

注射液：每支1毫升：0.02克，5毫升：0.1克。肌肉注射用量：马、牛0.1～0.5克/次，羊、猪40～60毫克/次，犬每次0.5～1毫克/千克体重。每12小时注射1次。

【药物相互作用】本品的中枢抑制作用可加强麻醉药和镇静药的作用，合用时应注意。

【应用注意】本品不能与苯巴比妥、葡萄糖醛酸内酯同时使用。

【不良反应】大剂量静注时常出现中毒症状，以中枢神经系统过度兴奋为主。此时可静注短效巴比妥类，进行解救，但不可使用长效或中效巴比妥。

盐酸异丙嗪（非那根）

【性状】本品为白色或近乎白色的粉末或颗粒，几乎无臭。味苦，在空气中久置变蓝色，极易溶于水。应遮光密封保存。

【作用与用途】本品与苯海拉明相似，抗组织胺作用比苯海拉明强而持久，而副作用较少。有明显的中枢抑制作用，可加强麻醉药、催眠药、镇痛药的作用，并能降低体温。本品可与杜冷丁等配合应用，以加强抗过敏作用。

【制剂、用法与用量】

片剂：每片12.5毫克、25毫克。

内服量：马、牛0.25～1克/次，羊、猪0.1～0.5克/次，犬0.05～0.2克/次。

注射液：每支1毫升：25毫克，2毫升：50毫克，10毫升：250毫克。肌肉注射用量：马、牛0.25～0.5克/次，羊、猪0.05～0.1克/次，犬0.025～0.1克/次。

【应用注意】本品忌与碱性溶液和生物碱合用。静脉滴注时速度不可过快。

【休药期】28 天，弃奶期 7 天。

马来酸美吡拉敏（新安替根）

【性状】本品为白色结晶性粉末，无臭，溶于水。应密封保存。

【作用与用途】本品为典型的抗组胺药。抗组胺作用较强，但有刺激性。治疗局部过敏，可用2%乳霜。

【制剂、用法与用量】

注射液：每支1毫升 : 25毫克、50毫克。肌肉注射：马0.5 ~ 1.5克/次，羊、猪0.25 ~ 0.5克/次，犬0.025 ~ 0.125克/次，1日2 ~ 3次。大家畜肌肉注射可用5%浓度，中等家畜则宜用2.5%的浓度。

十二、外用药和药用辅料

（一）保护药

保护药是对皮肤、黏膜有机械性保护作用，可缓和外界刺激，减轻炎症和疼痛的一类药物。根据保护药的作用特点，可分为收敛药、黏浆药和润滑药等。

1. 收敛药

收敛药是能保护感觉神经末梢，消退局部炎症的一类药物，是一种蛋白质沉淀剂。用于黏膜或病变的皮肤上，可与局部表层组织或渗入物的蛋白质相互作用，形成一层较致密的蛋白薄膜，以保护下层组织和感觉神经末梢免受外界刺激；还可收缩血管，减少渗出，从而起到局部消炎、镇痛、止血等作用。

硫酸锌

【性状】本品为无色透明的棱柱状或结晶或颗粒结晶性粉末，无臭，味涩，有风化性。极易溶于水，易溶于甘油，不溶于乙醇。

【作用与用途】硫酸锌有收敛与抗菌作用。常用于治疗结膜炎。

【制剂、用法与用量】

内服量：一次量，猪 0.5 ~0.8 克，犬 0.2 ~0.4 克。外用：0.5% ~4%溶液。

沃古林眼药水：由硫酸锌 0.5 克、硼酸 1.7 克、盐酸普鲁卡因 0.008 克，加蒸馏水至 100 毫升制成。滴眼，1 日 3 次，治结膜炎。

氧化锌

【性状】本品为白色或淡黄色微细粉末，无臭，无味，不溶于水及乙醇。露置空气中，逐渐吸收二氧化碳而变质，故应密封保存。

【作用与用途】有收敛、杀菌作用。多外用治疗湿疹、皮肤糜烂、溃疡、创伤等。可制成撒粉、软膏、糊剂使用。

【制剂、用法与用量】

氧化锌滑石粉：氧化锌和滑石粉各等量。撒布治皮炎、湿疹。

氧化锌软膏：含氧化锌15%，以凡士林为基质。外用保护创面。

水杨酸锌糊剂：由氧化锌、淀粉各25%、水杨酸2%、凡士林48%制成。外用治疗皮炎、湿疹。

【应用注意】不宜大面积使用，不能密封包扎使用。幼畜、孕畜及哺乳家畜慎用。

炉甘石（异极石）

【性状】本品为碱式碳酸锌和少量氧化铁的混合物，粉红色粉末，不溶于水，可溶于盐酸并产生气泡。

【作用与用途】本品作用似氧化锌。有收敛和轻度防腐、止痒作用。常制成洗剂，外用涂擦治疗湿疹、皮炎、皮肤瘙痒等症。

【制剂、用法与用量】

炉甘石洗剂：炉甘石150克、氧化锌50克、甘油50毫升，加蒸馏水至1 000毫升制成。外用涂擦患部。

明矾（硫酸铝钾）

【性状】本品为无色透明结晶或白色结晶性粉末，易溶于水，不溶于乙醇。

【作用与用途】铝虽属于轻金属，但其可溶性盐类能产生和重金属盐相同的作用。稀溶液以收敛作用为主，浓溶液或外用明矾粉则可产生刺激与腐蚀作用。外用可治结膜炎、口炎、咽喉炎等各种黏膜炎症。内服能止血、收敛，可用于胃肠出血、腹泻等。

【用法与用量】

内服量：马、牛 10 ~ 25 克/次，羊、猪 2 ~ 5 克/次，犬 0.5 ~2 克/次。外用：0.5% ~4% 溶液。

2. 黏浆药

黏浆药是药理性能不活泼的一类高分子胶性物质。溶于水形成黏糊胶状溶液，类似黏膜分泌的黏液，覆盖于黏膜或皮肤上，有缓和炎症刺激、减轻炎症和阻止毒物吸收等作用。

淀粉

【性状】本品为白色细微粉末，或不规则多角形易碎的颗粒，无臭，不溶于水及酒精。与水混合加热后形成胶黏液体，呈中性反应。

【作用与用途】1% ~5% 的黏浆液可与有刺激性的药物如水合氯醛混合内服或作灌肠剂。内服可缓和胃肠炎症或延缓毒物的吸收。还常用作撒布剂、丸剂、片剂等赋形药。

【用法与用量】

内服量：马、牛 100 ~500 克/次，羊、猪 10 ~50 克/次，犬 1 ~5 克/次。

明胶

【性状】本品为白色或淡黄色半透明的薄片。无臭，无味，在冷水中可软化膨胀，在热水中则形成透明黏稠液体，显弱酸反应，冷却后即形成胶胨。

【作用与用途】明胶有止血作用，消化道出血时，可制成 10% 溶液内服，对其他内出血，可用 5% ~10% 注射液（以生理盐水为溶媒）静脉注射。制成明胶海绵也常外用于各种出血。此外还是制作胶囊、栓剂的赋形药。

【用法与用量】

内服量：马、牛 10 ~ 30 克/次，羊、猪 5 ~ 10 克/次，犬

1～3克/次。静脉注射量：马、牛10～30克/次。

阿拉伯胶

【性状】本品为黄白色质脆易碎的块状物，其粉末为白色，主要成分为阿拉伯胶素的酸式钾盐、钙盐及镁盐，溶于水成为透明淡黄色的胶性液体，呈弱酸性反应，不溶于酒精。

【作用与用途】作为黏浆药与刺激性药物合用，可缓和药物的刺激性。在生物碱和金属中毒时，内服能阻止毒物吸收。用时配成10%～20%胶浆溶液。作为乳化剂，用于调制乳剂，多用于35%溶液。

【用法与用量】

内服量：马、牛5～20克/次，羊、猪2～5克/次，犬1～3克/次。

3. 吸附药

吸附药是一类不溶于水而性质稳定的细微粉末状药物，表面能吸附毒素和其他有害物质，并在局部呈现机械性保护作用。内服能吸着细菌毒素或气体，治疗腹泻、腹胀，外用可干燥和保护皮肤、创伤。

滑石粉

【性状】本品为白色或灰白色微细粉末，无臭，无味，有滑腻性，易黏着皮肤上，不溶于水。

【作用与用途】本品有滑润、保护皮肤和使皮肤表面干燥的作用。常与其他消毒防腐药混合制成撒布剂应用，治疗糜烂性湿疹、皮炎等，也可用作手术胶皮手套的涂粉（使用时冲净）。

【制剂与用法】

湿疹粉：水杨酸2份、干燥明矾5份、硼砂5份、薄荷脑1份、氧化锌43份、滑石粉44份混合制成。包于纱布内或用棉球蘸粉均匀撒布于皮肤上，治疗皮炎、湿疹。

白陶土（高岭土）

【性状】本品为白色或黄白色细软粉末，或易黏手的软土块，主要成分为酸性矽酸铝。不溶于水，与水混合则成为可塑性物质。

【作用与用途】本品外用为撒布剂和冷敷剂的赋形药。与其防腐药合用，治疗糜烂性湿疹（撒布）或治疗关节炎、挫伤等(热敷或冷敷)。

【制剂与用法】

内服：马、牛 50 ~ 150 克/次，羊、猪 10 ~ 30 克/次，犬 1 ~ 5 克/次。

白陶土敷剂：含白陶土 522.2 克、硼酸粉 45 克、水杨酸甲酯 2 毫升、薄荷油 0.5 毫升、樟脑 5 克、甘油适量，全量为 1 000 克。外用局部消炎，加热制成稠厚面团（60℃左右），涂于粗布上约 1 ~ 3 毫米厚，趁热贴敷患部，外覆以油布或油纸。

氧化镁（煅制镁）

【性状】本品为白色无晶形粉末，无臭，无味，几乎不溶于水，不溶于乙醇，在稀酸中溶解。在空气中能缓缓吸收二氧化碳与水，部分生成碱性碳酸镁。应密封保存。

【作用与用途】本品中和胃酸作用较强而持久，不产生二氧化碳，但发挥作用较慢。与胃酸中和后产生氯化镁，后者在肠道中部分变为碳酸镁，能吸收水分而致倾泻。氧化镁还具有吸附作用，能吸收大量二氧化碳气体。可用于治疗胃酸过多、胃肠臌气、反刍动物急性胃臌气等。

【制剂、用法与用量】

片剂：每片 0.2 克。马、牛 50 ~ 100 克/次，羊、猪 2 ~ 10 克/次，犬 0.2 ~ 1 克/次。

药用炭（活性炭）

【性状】本品为黑褐色粉末，无臭、无味，加热能在空气中不产生火焰而燃烧。分子间空隙多，故表面积大（1 克药用炭具有 500 ~ 800 平方米的表面积），吸附作用较强，有吸附多种物质的特性。

【作用与用途】本品内服到达肠内后，能减轻肠内容物对肠壁的刺激，使肠蠕动减弱，呈现止泻作用。本品还能吸附胃肠内多种有害物质，如细菌、发酵产物、色素、气体以及生物碱等。用于救治腹泻、肠炎、中毒等。

【制剂与用法】

内服：马、牛 100 ~ 300 克/次，羊、猪 10 ~ 25 克/次，犬 0.3 ~ 5 克/次，猫 0.15 ~ 2.5 克/次，兔 0.5 ~ 2 克/次。

4. 润滑药

润滑药如矿物油、动物油脂和植物油等，它们对皮肤有保护与柔滑作用，可缓和外来刺激、防止皮肤干燥。在药剂上，它们又常作软膏基质。

凡士林

【性状】本品为淡黄色（黄凡士林）或白色（白凡士林）半透明软块，可与脂肪油随意混合，性质稳定，可长期保存。35 ~ 40℃时可熔化成透明状液，稍带荧光，呈中性反应。

【作用与用途】本品主要用作调制软膏的基质。涂于患部呈现局部作用。白凡士林常残留有脱色剂（氯），不宜用于配制眼膏。

羊毛脂

【性状】本品为淡黄棕色软膏状物，微有类似羊毛的臭气。不溶于水，但能与二倍量的水均匀混合。在乙醇中微溶。

【作用与用途】

本品的特点为吸水性及穿透力强，因此可与水溶性药物或药液制成软膏，能使主药迅速被吸收。主要用作软膏基质。

甘油（丙三醇）

【性状】本品为无色澄清糖浆状液体，味略甜。呈中性反应，与水及乙醇可以任意比例混溶。在空气中吸湿性很强，故应密封保存。

【作用与用途】本品灌肠后能润滑并轻度刺激肠壁，使其蠕动，分泌增加而通便。可用于中小家畜的便秘。外用于局部除有润滑和保护作用外，还有吸湿作用，可使局部组织软化。甘油也常用作溶剂或病理标本保存液等。此外，甘油作为生糖物质，内服可治疗牛酮血病（每次 240 毫升，连用数日）。

【制剂、用法与用量】

甘油灌肠：马驹、犊牛 5 ~50 毫升/次，羊、猪 5 ~30 毫升/次，犬 2 ~10 毫升/次。宜配成 50% 水溶液。

甘油软膏：由甘油 93 份，水、淀粉各 7 份制成。外用涂敷，治疗乳房及乳头皮肤龟裂及炎症。

软皂（钾肥皂，绿肥皂）

【性状】本品为黄白色、黄棕色或黄绿色透明或半透明、均匀黏滑的软块，微臭，溶于水及乙醇，水溶液呈碱性。

【作用与用途】本品为亚麻油与氢氧化钾经皂化制得。用于配制清洁剂或灌肠剂，也可作洗剂、擦剂等的乳化剂。

【用法与用量】

灌肠：马、牛用 5% ~10% 溶液 1 ~3 升/次，羊用 5% ~10% 溶液 0.5 ~1 升/次，犬用 3% 溶液 100 ~200 毫升/次。

（二）药用辅料

药用辅料是药剂中除主药以外一切辅助原料药的总称。包括赋形剂、滑润剂、混悬剂、崩解剂等。它们本身须具有稳定的化学性质，不与主药发生理化反应，对家畜无害，不影响主药的含量测定。它们虽不是主要的治疗性药物，但能辅助主药顺利制成优良的制剂。对它们的选择应用主要是根据用药目的、主药性质来决定的。除下面的药物外，前面介绍过的黏浆药、吸附药、润滑药也常用作药用辅料。

聚乙二醇

【性状】为高分子化合物。常温下，平均分子量 200 ~600

者为液体，700～1 000以上者为半固体，1 000～6 000者为白色或淡黄色蜡状固体，10 000以上者为白色结晶。PE克－200，PE克－300，PE克－400系中等黏度、无色、略有微臭的液体，能与一些有机溶媒混合，但不溶于乙醚。PE克－4 000溶于水、乙醇、氯仿，不溶于乙醚。PE克－6 000溶于水，不溶于乙醚。

【作用与用途】主要用作溶媒或水溶性基质。有增溶、增加稳定性和延效作用。PE克－300～400常作为注射剂溶媒，多与乙醇、丙二醇、甘油之类组成复合溶媒使用。作为软膏剂的水溶性基质，本品对皮肤无刺激，易洗除，不易霉败。常用PE克－4 000与PE克－400以不同比例调节软膏稠度，以适应不同季节、温度的需要。PE克－4 000和PE克－6 000用作片剂辅助。

【应用注意】本品用作注射剂溶媒时，浓度不宜过高，以免吸收太慢，引起局部炎症。长期外用本品，可引起皮肤干燥。

丙二醇

【性状】本品为无色黏稠液体，微有甜味及辛辣味，吸湿性强，能与水、乙醇、甘油相混溶，性质稳定。

【作用与用途】本品广泛用作注射用溶媒，无刺激性，且能延缓某些药物的水解。丙二醇有防腐作用，对人、畜无毒，故可熏蒸房舍，供空气消毒用。此外，兽医临床上还作为生糖物质，内服治疗牛酮血病（每次100～120毫升，连服数日）。

【用法与用量】

空气消毒：每100立方米用50～100毫升丙二醇熏蒸。

聚山梨醇酯－80（吐温－80）

【性状】本品为淡黄色或黄色油状液体，有特臭，味微苦，易溶于水，也可溶于乙醇、甲醇和植物油。

【作用与用途】为非离子型表面活性剂。可作为乳化剂、润湿剂和增溶剂。在制备某些中草药注射液时，可加入1%～2%，以提高澄清度。本品毒性低，但有扩张血管的作用，可引起血压下降，犬明显，但对兔、猫、鼠只有短暂的弱降压反应。

十三、消化系统用药

（一）健胃药与助消化药

凡能促进动物唾液和胃液的分泌，调整胃的机能活动，提高食欲和加强消化的药物称为健胃药。根据作用特点可分为苦味健胃药、芳香性健胃药和盐类健胃药和其他健胃药等。助消化药系指能促进胃肠消化过程的药物。助消化药多为消化液中成分或促进消化液分泌的药物。在消化道分泌不足时，具有代替疗法的作用。因能促进食物消化，用于消化道分泌功能减弱，消化不良。兽医临床上常用于哺乳期幼畜的消化不良。

人工矿泉盐（人工盐）

本品由干燥硫酸钠、碳酸氢钠、氯化钠、硫酸钾按 44：36：18：2 的比例混合制成。

【性状】本品为白色粉末，味咸，在空气中易吸湿。易溶于水。

【作用与用途】人工矿泉盐具有多种盐类的综合作用。内服少量时，能轻度刺激消化道黏膜，促进胃肠的分泌和蠕动，增加消化液分泌，从而产生健胃作用；小剂量还有利胆作用。内服大量时，其中的主要成分硫酸钠在肠道中可解离出 Na^+ 和不易被吸收的 SO_4^{2-}，借助渗透压作用，在肠管中保持大量水分，并刺激肠管蠕动，软化粪便，而引起缓泻作用。忌与酸性药物同服。小剂量用于消化不良、前胃弛缓和慢性胃肠卡他等；大剂量可用于早期大肠便秘。

【用法与用量】内服：一次量，健胃马 50～100 克；牛 50～

150 克；羊、猪 10 ~ 30 克。缓泻马、牛 200 ~ 400 克，羊、猪 50 ~ 100 克。

【应用注意】①禁与酸性药物配伍应用。②内服作泻剂应用时宜大量饮水。

胃蛋白酶

本品是从健康猪、牛或羊的胃黏膜中提取的胃蛋白酶。每 1 克中含蛋白酶活力不得少于 3 800 单位。

【性状】本品为白色或淡黄色的粉末，无霉败臭，有引湿性，水溶液显酸性反应。

【作用与用途】胃蛋白酶内服后在胃内可使蛋白质初步分解为蛋白胨，有利于蛋白质的进一步分解吸收。在酸性环境中作用强，pH 值为 1. 8 时其活性最强。一般 1 克胃蛋白酶能完全消化 2 000 克凝固卵蛋白。当因胃液分泌不足引起消化不良时，胃内盐酸也常不足，为充分发挥胃蛋白酶的消化作用，在用药时应灌服稀盐酸。临床常用于胃液分泌不足或幼畜因胃蛋白酶缺乏所引起的消化不良。本品不宜与抗酸药同服，因胃内 pH 值升高而使其活力降低。本品的药理作用与硫酸铝相拮抗，二者亦不宜同用。

【用法与用量】内服：一次量，马、牛 4 000 ~ 8 000 单位；羊、猪 800 ~ 1 600 单位；马驹、犊牛 1 600 ~ 4 000 单位；犬 80 ~ 800 单位；猫 80 ~ 240 单位。

【应用注意】①剧烈搅拌后即破坏减效；忌与碱性药物配合使用；温度超过 70℃ 时迅速失效。②遇鞣酸、没食子酸、重金属盐等可产生沉淀。③用前先将稀盐酸加水 20 倍稀释，再加入胃蛋白酶，于饲喂前灌服。

稀盐酸

【性状】本品为无色澄清液体，呈强酸性。

【作用与用途】盐酸是胃液的主要成分之一，适当浓度的稀盐酸可激活胃蛋白酶原，使其转变成为有活性的胃蛋白酶，并提供酸性环境使胃蛋白酶发挥消化蛋白质的作用。另外，胃内容物保持一定酸度有利于胃排空及 Ca^{2+}、Fe^{2+} 等元素的溶解与吸收，还有抑菌制酵作用。适用于胃酸缺乏引起的消化不良、胃内异常发酵、马骡急性胃扩张等。

【用法与用量】内服：一次量，马 10～20 毫升；牛 15～30 毫升；羊 2～5 毫升；猪 1～2 毫升；犬 0.1～0.5 毫升。用前加 50 倍水稀释成 0.2% 的溶液使用。

【应用注意】①禁与碱类、盐类健胃药、有机酸、洋地黄及其制剂配合使用。②用药浓度和用量不可过大，否则因食糜酸度过高，反射性地引起幽门括约肌痉挛，影响胃的排空，而产生腹痛。③用前加 50 倍水稀释成 0.2% 的溶液使用。

乳酸

【性状】本品为无色澄清或微黄色的黏性液体，几乎无臭，味微酸，有引湿性，水溶液显酸性反应。与水、乙醇或乙醚能任意混合，在氯仿中不溶。

【作用与用途】内服有防腐，制酵作用，能增强消化液的分泌，帮助消化。可用于马属家畜急性胃扩张和牛、羊前胃弛缓。

【用法与用量】内服：一次量，马、牛 5～25 毫升；羊、猪 0.5～3 毫升，配成 2% 溶液灌服。

干酵母

本品为酵母科几种酵母菌的干燥菌体，含蛋白质不得少于 44.0%。

【性状】本品为淡黄白色或淡黄棕色的颗粒或粉末；味微苦，有酵母的特殊臭。在显微镜下检视，多数细胞呈圆形、卵圆形、圆柱形或凝结成块。

【作用与用途】干酵母富含 B 族维生素。每克酵母含硫胺 0.1～0.2 毫克、核黄素 0.04～0.06 毫克、烟酸 0.03～0.06 毫克，此外还含有维生素 B_6、维生素 B_{12}、叶酸、肌醇以及转化酶、麦芽糖酶等。这些物质均是体内酶系统的重要组成物质，能参与体内糖、蛋白质、脂肪等的代谢和生物转化过程。

【制剂】

干酵母片：规格有0.2克、0.3克、0.5克。内服：一次量，马、牛120~150克；羊、猪30~60克；犬8~12克。

【应用注意】①干酵母含有大量的对氨基苯甲酸，可拮抗磺胺类药的抗菌作用，不宜并用。②用量过大可发生轻度下泻。

乳酶生

【性状】本品为白色或淡黄色的干燥粉末，无腐臭或其他恶臭。

【作用与用途】乳酶生为乳酸杆菌制剂。每克乳酶生中含活的乳酸杆菌数不低于1 000万个。内服进入肠内后，能分解糖类产生乳酸，使肠内酸性增高，从而抑制腐败性细菌的繁殖，并可防止蛋白质发酵，减少肠内产气。抗菌药物可抑制乳酸杆菌的生长繁殖，使乳酶生失效，故二者不可并用。收敛剂、吸附剂、酊剂及乙醇可抑制乳酸杆菌的活性，也会降低其药效，故不宜同用。必须应用时两者要间隔3~4小时。

【制剂】

乳酶生片：规格分别为0.5克和1.0克两种。内服：一次量，马驹、犊牛10~30克；羊、猪2~10克；犬0.3~0.5克。

稀醋酸

【性状】本品为无色的澄明液体，显酸性反应。

【作用与用途】内服后的作用与稀盐酸基本相同。有防腐、制酵和助消化作用。由于醋酸的局部防腐和刺激作用较强，外用对扭伤和挫伤有一定的效果，2%~3%的稀释液可冲洗口腔治疗口腔炎，0.1%~0.5%的稀释液可冲洗阴道治疗滴虫病等。临床多用于治疗幼畜消化不良和马属家畜的急性胃扩张，也可用于反刍兽前胃膨胀。

【用法与用量】内服：一次量，马、牛50~200毫升；羊、猪5~10毫升。

氢氧化铝

【性状】本品为白色无晶形粉末，无臭，无味。在水或乙醇中不溶；在稀无机酸或氢氧化钠溶液中溶解。

【作用与用途】氢氧化铝与胃液混合形成凝胶，覆盖于溃疡表面，有保护溃疡面的作用。在中和胃酸时所产生的氯化铝尚有收敛和局部止血作用。临床上作为胃肠黏膜保护剂，可用于治疗胃酸过多和胃溃疡。铝离子能与四环素类起络合作用，影响后者的吸收，二者不能同时服用。

【用法与用量】内服：一次量，马 15 ~30 克；猪 3 ~5 克。

【不良反应】在胃肠道中与食物中的磷酸盐结合成不溶解的磷酸铝，不被吸收，故长期应用可造成磷酸盐吸收不足。

（二）制酵药与消沫药

制酵药与消沫药在兽医临床主要应用于治疗胃肠臌气，较常见有牛、羊瘤胃臌胀和马、骡肠臌气。瘤胃臌胀（臌气）多与家畜吃了大量腐败变质或易发酵的饲料有关。此时发酵产生的大量气体不能及时通过嗳气消除，将导致瘤胃臌气，进而引起瘤胃运动减弱或停止；如采食大量皂苷类植物如苜蓿等，发酵产生的气体以泡沫形式混杂于瘤胃内容物中不易排出，则产生“泡沫性臌气”。

马属家畜采食大量发酵饲料后，在肠道亦能很快产生大量气体，当产气过多不能及时排出时，则会出现胃肠臌气症状。

1. 制酵药

凡能制止胃肠内容物异常发酵的药物称为制酵药，常用药物有鱼石脂等。另外抗生素、磺胺药、消毒防腐药等都有一定程度的制酵作用。

2. 消沫药

消沫药是指能降低泡沫液膜的表面张力，促使气泡破裂融合，气体逸散的一类药物。主要用于治疗反刍动物瘤胃泡沫性臌气病。常用的消沫药有局部松节油、二甲硅油等。

泡沫性臌气产生原因是采食大量含皂苷的豆科植物，在瘤胃发酵过程中产生的气体迅速为水膜包裹，形成大量较稳定的黏液性小气泡夹杂于瘤胃内容物中而造成。套管针穿刺放气无效，制酵药对已形成的气泡亦无消泡作用，此时须用消沫药治疗。

二甲硅油

【性状】本品为无色澄清的油状液体，无臭或几乎无臭，无味。在氯仿、乙醚、苯、甲苯或二甲苯中能任意混合，在水或乙醇中不溶。

【作用与用途】二甲硅油表面张力低，内服后能迅速降低瘤胃内泡沫液膜的表面张力，使气泡沫破裂，融合成大泡沫，随嗳气排出，产生消除泡沫作用。本品消沫作用迅速，用药 5 分钟内即产生效果，15 ~ 30 分钟作用最强。治疗效果可靠、作用迅速，几乎没有毒性。用于泡沫性臌气病。

【制剂、用法与用量】二甲硅油片，规格：25 毫克和 50 毫克。内服：一次量，牛 3 ~ 5 克；羊 1 ~ 2 克。临用时制成 2% ~ 5% 的乙醇或煤油溶液灌服。

【应用注意】灌服前后宜灌注少量温水，以减少刺激性。

薄荷油

【性状】本品为无色或淡黄色的澄明液体；有强烈刺激性薄荷香气，味初辛，后凉；存放日久，色渐变深，质渐变浓。与乙醇、乙醚或氯仿能任意混合。

【作用与用途】内服作为驱风药，可增强胃肠蠕动，促进胃肠道内的气体排出。用于痉挛疝、胃肠臌气等。

【用法与用量】口服：一次量，马、牛 2 ~ 5 毫升。

薄荷脑

【性状】本品为无色针状或棱柱状结晶、白色结晶性粉末或溶块；有类似薄荷的刺激性臭气，味初灼热，后清凉；乙醇溶液显中性反应。在水中微溶，在乙醇、乙醚、氯仿或石油醚中极易溶解，与冰醋酸、液状石蜡、脂肪油或挥发油能任意混合。

【作用与用途】外用于皮肤或黏膜，有清凉作用。内服作为驱风药，可增强胃肠蠕动，促进胃肠道内的气体排出。用于胃肠臌气。

【用法与用量】口服：一次量，马0.2～2克；牛0.3～4克；羊0.2～1克；犬0.1～0.2克。

（三）催吐药与止吐药

1. 催吐药

呕吐药主要用于猫、犬、猪及灵长类等中小家畜。用于中毒时的急救，借以排出胃内未吸收的毒物，减少毒物的吸收。

硫酸锌

【作用与用途】本品的局部作用因浓度不同而各异。0.1%～0.5%溶液对黏膜有收敛作用；20%～50%溶液有腐蚀作用；11%溶液内服可刺激胃黏膜反射性地引起呕吐，为中小家畜的催吐药（催吐作用较硫酸铜弱）；0.1%～0.5%溶液外用作为黏膜的收敛和消炎药。

【用法与用量】

内服量：猪0.5～0.8克/次，犬0.2～0.4克/次，配成1%溶液。

阿朴吗啡（去水吗啡）

【性状】本品为吗啡脱水后形成的产物，不稳定，通常制成盐酸盐。其盐酸盐为白色或浅灰色的有光泽结晶或结晶性粉末，能溶于水和乙醇，水溶液呈中性，无臭，置空气中遇光会变成绿色。

【作用与用途】本品系合成吗啡生物碱的衍生物。其抑制中枢作用较吗啡弱，而催吐作用较强。主要通过刺激催吐化学感受区而引起呕吐。作用快而强，给犬皮下注射后3~10分钟出现呕吐，间断性的呕吐可持续20~40分钟。但剂量过大可引起中枢神经抑制，甚至使动物死亡，故不可与中枢神经抑制药合用。

【用法与用量】皮下注射量：犬2~3毫克/次，猪10~20毫克/次，猫1~2毫克/次。

2. 止吐药

剧烈和持久的呕吐，可使机体水分和电解质丢失，造成水和电解质平衡紊乱，此时必须用止吐药止吐。止吐药有一些是通过抑制呕吐反射弧的不同环节，抑制病理性呕吐；另一些药物保护或局部麻醉胃黏膜，使胃黏膜免受刺激而发挥止吐作用。

常用的止吐药有：①抗组织胺类，如苯海拉明、茶苯海明、氯苯甲嗪、氯苯丁嗪等。②氯丙嗪类，如盐酸氯丙嗪、奋乃静等。③其他止吐药，如灭吐灵、吗丁啉、维生素B_6等。

美可洛嗪（氯苯甲嗪，敏可静）

【性状】本品为白色或微黄色结晶粉末，几乎无味，无臭，溶于水。

【作用与用途】本品主要是抑制前庭神经而止吐，还有中枢抑制作用和抗胆碱作用，是晕动性及变态反应性呕吐的主要治疗药物。一次用药，止吐作用可维持12~24小时。常用于犬、猫等家畜的呕吐病。

【用法与用量】盐酸氯苯甲嗪片：25毫克。

内服量：犬25毫克/次，猫12.5毫克/次。

布可利嗪（氯苯丁嗪，安其敏）

【性状】本品为白色粉末，无臭，味涩，溶于水。

【作用与用途】本品具有抗组胺、镇静及止吐作用。其止吐作用较强，可用于晕动性呕吐。

【制剂、用法与用量】

片剂：25毫克、50毫克。

内服量：犬25毫克/次，猫12.5毫克/次。

多潘立酮（哌双咪酮，吗丁啉）

【作用与用途】为多巴胺受体拮抗剂。能促进胃排空，增强胃及十二指肠运动。使幽门舒张期直径增大，而不影响胃的分泌机能。对结肠运动无影响。可用于胃肠胀满、食管返流、恶心、呕吐等症。本品口服易吸收，口服、肌注、静注或直肠给药均可。

【制剂、用法与用量】

片剂：每片10毫克。

内服量：犬每次0.5～1毫克/千克体重，每日3次。

注射液：每支2毫升：10毫克。肌肉注射量：犬每次0.1～0.5毫克/千克体重，必要时重复给药。

（四）泻　药

泻药是一类能促进肠道蠕动，增加肠内容积，软化粪便，加速粪便排泄的药物。临床上主要用于治疗便秘、排除胃肠道内的毒物及腐败分解物，还可与驱虫药合用以驱除肠道寄生虫。根据作用方式和特点，可分为容积性泻药、刺激性泻药和润滑性泻药三类。使用泻药时必须注意以下事项：①对于诊断未明的动物肠道阻塞不可以随意使用泻药，使用泻药应防止泻下过度而导致失水、衰竭或继发肠炎等，且用药次数不宜过多。②治疗便秘时，必须根据病因而采取综合措施或选用不同的泻药。③对于极度衰竭呈现脱水状态、机械性肠梗阻以及妊娠末期的家畜应禁止使用泻药。④高脂溶性药物或毒物引起中毒时，不应使用油类泻药，以免促进毒物的吸收而加重病情。

干燥硫酸钠

【性状】本品为白色粉末，无臭，味苦、咸；有引湿性，在水中易溶，在乙醇中不溶。

【作用与用途】盐类泻药。内服后在肠内可解离出 Na^+ 和

SO_4^{2-}，后者不易被肠壁吸收，借助渗透压作用，在肠管中保持大量水分，扩大肠管容积，软化粪便，并刺激肠壁增强其蠕动，而产生泻下作用。用于大肠便秘，排除肠内毒物、毒素或驱虫药的辅助用药。

【用法与用量】内服：一次量，马 100 ~ 300 克；牛 200 ~ 500 克；羊 20 ~ 50 克；猪 10 ~ 25 克；犬 5 ~ 10 克。配成 3% ~ 4% 水溶液灌服。

【应用注意】①治疗大肠便秘时，硫酸钠的适宜浓度为 4% ~ 6%。②不适用于小肠便秘的治疗，因易继发胃扩张。

硫酸钠

【性状】本品为无色、透明的结晶或颗粒性粉末；无臭、味苦、咸；有风化性。在水中易溶，在乙醇中不溶。

【作用与用途】盐类泻药。药理作用同干燥硫酸钠。兽医临床用于导泻。

【用法与用量】用于健胃内服量：马、牛 15 ~ 50 克/次，羊、猪 3 ~ 10 克/次，兔 5% 溶液 30 ~ 50 毫升/次，貉 1 ~ 2 克/次。用于泻下：马 200 ~ 500 克/次，牛 400 ~ 800 克/次，羊 40 ~ 100 克/次，猪 20 ~ 50 克/次，犬 10 ~ 25 克/次。

硫酸镁（泻盐）

【性状】本品为无色结晶；无臭，味苦、咸；有风化性。在水中易溶，在乙醇中几乎不溶。

【作用与用途】本品大量内服时致泻，其致泻作用与硫酸钠相似，但在兽医临床上较少应用。

镁离子具有抑制中枢神经系统、抗惊厥、镇痉等作用。20% ~ 25% 硫酸镁溶液外敷，能夺取组织中的水分，故具有消肿、消炎、排毒、止痛功效，可治疗慢性炎性肿胀等。

【用法与用量】本品用于健胃的内服量：马、牛 15 ~ 50 克/次，羊、猪 5 ~ 10 克/次。用于泻下：马 200 ~ 500 克/次，牛 300 ~ 800 克/次，羊 50 ~ 100 克/次，猪 25 ~ 50 克/次，骆驼

800 ~ 1 000 克/次，犬 10 ~ 20 克/次，猫 2 ~ 5 克/次，加水配成 6% ~ 8% 溶液服用。用于利胆：马 150 ~ 250 克/次，牛 250 ~ 600 克/次。

【应用注意】钙、镁离子在中枢神经系统中争夺同一受体，钙离子浓度如果较高，就能排斥镁离子，而与受体相结合。因钙抑制中枢神经系统的作用较镁为轻故可减轻中枢神经抑制现象，解除镁离子中毒症状。硫酸镁遇氯化钙可发生沉淀，遇碳酸氢钠，微温后发生浑浊。

【不良反应】导泻时如服用浓度过高的溶液，可致组织中吸取大量水分而脱水。

液状石蜡

【性状】本品为无色透明的油状液体；无臭，无味；在日光下不显荧光。在氯仿、乙醚或挥发油中溶解，在水或乙醇中均不溶。

【作用与用途】润滑性泻药。内服后在肠道内不被吸收，也不发生变化，以原形通过肠管，能阻碍肠内水分的吸收，对肠黏膜有润滑作用，并能软化粪块。其泻下作用缓和，对肠黏膜无刺激性，比较安全。孕畜也可应用。适用于小肠便秘、瘤胃积食、有肠炎的家畜及孕畜的便秘。

【用法与用量】内服：一次量，马、牛 500 ~ 1 500 毫升；马驹、犊牛 60 ~ 120 毫升；羊 100 ~ 300 毫升；猪 50 ~ 100 毫升；犬 10 ~ 30 毫升；猫 5 ~ 10 毫升，可加温水灌服。

【应用注意】不宜多次服用，以免影响消化，阻碍脂溶性维生素及钙、磷的吸收。

（五）止泻药

止泻药是一类能制止腹泻，具有保护肠黏膜、吸附有毒物质或收敛消炎的药物。依据作用特点可分为保护性止泻药、抑制肠蠕动性止泻药、吸附性止泻药等。

腹泻是临床上常见的一种症状或疾病，其病因有多种，可由化学、物理或生物学以及饲养管理等因素所引起。一般来说，腹泻是动物机体的保护性防御机能之一，但过度腹泻不仅会影响营养物质的吸收和利用，而且易造成机体脱水和电解质平衡失调以及酸中毒，因此，适时应用止泻药是必须的。腹泻时应根据病因和病情，采用综合治疗措施。首先应消除病因如排泄毒物、抑制病原微生物、改善饲料管理等，其次是应用止泻药和对症治疗，如补液、纠正酸中毒等。但对细菌感染引起的腹泻，首先应选用抗菌药物以控制感染。

鞣酸

【性状】本品为淡黄色至淡棕色粉末，或疏松有光泽的鳞片，或海绵状的块；微有特臭，味极涩。水溶液显酸性反应，久置后缓缓分解。在水中极易溶解，在乙醇、丙酮、甘油中易溶，在氯仿、乙醚、苯或石油醚中几乎不溶。

【作用与用途】鞣酸是一种蛋白质沉淀剂，具有收敛作用。内服后首先与胃黏膜蛋白结合成鞣酸蛋白，被覆于胃肠黏膜起保护作用。鞣酸蛋白到达小肠后再分解，释放出鞣酸，产生收敛止泻作用。另外，鞣酸还能与一些生物碱结合发生沉淀。可外用于湿疹、创伤等；内服可作为某些生物碱中毒的解毒剂。

【用法与用量】内服：一次量，马、牛 5 ~ 30 克；羊、猪 2 ~5 克。

洗胃：配成 0.5% ~1% 。

外用：配成 5% ~10% 的溶液。

鞣酸蛋白

【性状】本品为棕褐色的粉末；微臭，味微涩。在水、乙醇、氯仿、乙醚中几乎不溶；在氢氧化钠或碳酸钠溶液中分解。

【作用与用途】鞣酸蛋白自身无活性，内服后在胃中不分解，也不发挥收敛作用。但到达肠内后遇碱性肠液则逐渐分解为蛋白和鞣酸。后者则发挥收敛止泻作用。可用于腹泻。

【用法与用量】内服：一次量，马 10～20 克；牛 10～25 克；羊 3～5 克；猪 2～5 克；犬 0.3～2 克。

碱式硝酸铋（次硝酸铋）

【性状】本品为白色粉末；无臭或几乎无臭；微有引湿性；能使湿润的蓝色石蕊试纸变红色。在水或乙醇中不溶，在盐酸或硝酸中易溶。

【作用与用途】收敛药。内服难吸收，小部分在胃肠道内解离出铋离子，与蛋白质结合，产生收敛保护黏膜作用。大部分次硝酸铋被覆在肠黏膜表面，同时在肠道内还可与硫化氢结合，形成不溶性硫化铋，覆盖于肠表面，从而对肠黏膜呈机械性保护作用，并可减少硫化氢对肠黏膜的刺激作用。用于非细菌性肠炎和腹泻。

【用法与用量】

内服：一次量，马、牛 15～30 克；羊、猪、驹、犊牛 2～4 克；犬 0.3～2 克。

【注意】（1）对由病原菌引起的腹泻，应先用抗微生物药控制其感染后再用本品。（2）碱式硝酸铋在肠内溶解后，可产生亚硝酸盐，量大时能引起吸收中毒。

碱式碳酸铋（次碳酸铋）

【性状】本品为白色或微带淡黄色的粉末；无臭，无味；遇光即缓慢变质。在水或乙醇中不溶。

【作用与用途】药理作用与碱式硝酸铋相同，但副作用较轻。

【制剂】

碱式碳酸铋片：规格：0.3 克和 0.5 克两种。内服：一次量，马、牛 15～30 克；羊、猪、马驹、犊牛 2～4 克；犬 0.3～2 克。

药用炭（活性炭）

【性状】本品为黑色粉末；无臭，无味；无砂性。

【作用与用途】吸附药。药用炭颗粒细小，表面积大，其吸附能力很强。内服达到肠道后，能与肠道中有害物质结合，阻止其吸收，从而能减轻内容物对肠壁的刺激，使肠蠕动减弱，呈止泻作用。用于生物碱等中毒及腹泻、胃肠臌气等。

【用法与用量】内服：一次量，马 20 ~ 150 克；牛 20 ~ 200 克；羊 5 ~ 50 克；猪 3 ~ 10 克；犬 0.3 ~ 2 克。

【应用注意】能吸附其他药物和影响消化酶活性。

白陶土

【性状】本品为类白色细粉，加水湿润后有类似黏土的气味，颜色加深。在水、稀矿酸或氢氧化钠溶液中几乎不溶。

【作用与用途】吸附药。白陶土具有一定吸附作用，但吸附能力较药用炭差。另外，兼有收敛作用。内服用于腹泻；外服用作敷剂和撒布剂的基质。

【用法与用量】内服：一次量：马、牛 50 ~ 150 克；羊、猪 10 ~ 30 克；犬 1 ~ 5 克。

【应用注意】参见药用炭。